中等职业教育数控类系列教材

数控加工工艺

赵国华　主　编
杜先玮　副主编

中国铁道出版社

2012年·北京

内容简介

本书为中等职业教育数控类系列教材之一，主要针对数控类专业的数控机床夹具、常规机械加工工艺、数控加工工艺和机械加工质量等四部分内容。全书共分7章，内容分别为概述、机床夹具简介、典型表面的加工方法、数控车削加工工艺、数控铣削加工工艺和机械加工质量控制等。

本书可作为中等职业学校数控、模具、机电一体化、机械制造等机电类专业课程教材，也可作为培训或专业技术人员参考用书。

图书在版编目(CIP)数据

数控加工工艺/赵国华主编．—北京：中国铁道出版社，2012.5

中等职业教育数控类系列教材

ISBN 978-7-113-14028-1

Ⅰ．①数… Ⅱ．①赵… Ⅲ．①数控机床—加工—中等专业学校—教材 Ⅳ．①TG659

中国版本图书馆CIP数据核字(2011)第258108号

书　　名：数控加工工艺

作　　者：赵国华　主编

策　　划：阚济存

责任编辑：阚济存　**编辑部电话**：010－51873133　**电子信箱**：td51873133@163.com

封面设计：冯龙彬

责任校对：胡明锋

责任印制：李　佳

出版发行：中国铁道出版社(100054，北京市西城区右安门西街8号)

网　　址：http://www.tdpress.com

印　　刷：三河市华业印装厂

版　　次：2012年5月第1版　2012年5月第1次印刷

开　　本：787 mm×1 092 mm　1/16　**印张**：9　**字数**：224千

印　　数：1～3000册

书　　号：ISBN 978-7-113-14028-1

定　　价：20.00元

前　言

《数控加工工艺》是数控技术应用专业的专业理论课教材，适用于中等专业学校数控加工类及相关专业的师生，同时可作为相关工程技术人员的工具书。也可作为中级数控机床操作工职业资格培训与鉴定的参考用书。

本书编者将多年的教学实践经验和数控机床操作工职业资格培训与鉴定教学大纲、数控加工技术的最新发展成果相结合，并按照数控技术应用专业及机电类专业的教育改革思路进行编写。教材以中级数控机床操作工的职业资格水平的具体要求为指导，力求取材全面、科学、新颖。通过实例讲解，培养学生分析问题、解决问题的能力，以达到理论够用、通俗易懂、实用性强的目的。

本书内容包括机床夹具、常规机械加工工艺、数控加工工艺和机械加工质量四大部分。全书共分为七章：第一章为概述；第二章为机床夹具简介；第三章为典型表面的加工方法；第四章为数控加工工艺规程的制订；第五章为数控车削加工工艺；第六章为数控铣削加工工艺；第七章为机械加工质量。全书以数控加工为主体，以机械加工工艺为基础，系统地介绍了数控加工工艺的基础知识和基本理论。全书内容丰富，详略得当，图文并茂，实用性强，既有理论讲解又有实例分析，内容体系符合教学规律，各章均附有习题，供教学参考。

本书由太原铁路机械学校高级讲师赵国华担任主编，太谷职业中学杜先玮工程师担任副主编。其中绪论、第七章由赵国华编写；第二章由杜先玮编写；第三章、第五章由蒋苗苗编写；第四章、第六章由卫丽编写。

本书在编写过程中，参考了有关教材、手册等资料，并得到张龙老师等众多专家的支持，以及中国铁道出版社相关领导及编辑的鼓励和帮助，在此一并表示衷心的感谢。

由于编者水平有限，书中欠妥和错误之处在所难免，恳请广大读者给予批评指正，并提出宝贵意见，以便再编或修订时改进。

编　者
2011 年 5 月

目　录

绪 论

1. 机械制造在国民经济中的地位、作用和发展状况

机械制造业是国民经济的基础产业，它的发展直接影响到国民经济各部门的发展，也影响到国计民生和国防力量的加强。据研究，当前工业发达国家60%的社会财富和45%的国民收入是由制造业创造的，美国68%的社会财富是由机械制造业创造的。在我国，机械制造业仍然是一个非常强大的部门，担负着为国民经济各部门提供各种设备和为人民生活提供耐用消费品的重任，如卫星、火箭、飞机、船舶、机车车辆和各种家用电器等。据统计，我国装备制造业占全国各项工业指标比重的1/5～1/4。2009年，我国机械工业销售额已达到1.5万亿美元，超过日本的1.2万亿美元和美国的1万亿美元，跃居世界第一，成为全球机械制造第一大国。近年来，随着世界各国都把提供产业竞争力和发展高新技术作为科技工作的方向，我国也明确提出了振兴机械制造业的发展纲要，不仅要不断提高常规机械生产的工艺能力和工艺水平，还要研究开发优质、高效的精密装备和工艺，为高新技术产品的生产提供新工艺、新装备，同时还要加强基础技术研究，提高自主开发和创新能力。

随着现代科学技术的不断进步，特别是微电子技术和计算机技术的发展，使传统的机械制造业焕发出了新的活力，增加了新的内涵。如计算机辅助设计(CAD)、计算机辅助制造(CAM)、计算机辅助工艺设计(CAPP)、计算机数字控制(CNC)、计算机分布式数控(DNC)、柔性制造系统(FMS)、工业机器人(ROBOT)、计算机集成制造系统(CIMS)等新技术已被人们所接受，并在生产实际中得到了逐步的推广和应用，使机械制造业无论在加工自动化方面，还是在生产组织管理、制造工艺、制造精度等方面都发生了很大变化。其发展方向和特点简介如下：

(1)加工精度方面。伴随着机械制造自动化程度的不断提高、制造装备和测试手段的不断完善，机械制造精度也得到了极大提高。近10年来，普通机床的加工精度已由10 μm提高到5 μm，精密级加工则从3～5 μm，提高到1～1.5 μm。目前，由于测试技术水平的提高和市场的需要，人们正积极从事超精密加工和超微细加工的研究，其精度可达0.005～0.01 μm。

(2)切削刀具方面。随着刀具新材料、新工艺的不断出现，切削加工速度有了极大提高，以至于产生了“高速切削”这一新的切削理论。在20世纪以前，刀具材料以碳素工具钢为主，由于其耐热温度低于200 ℃，所允许的切削速度不超过10 m/min；20世纪初出现了高速钢，其耐热温度为500～600 ℃，可允许的切削速度为30～40 m/min；到了20世纪30年代，硬质合金开始使用，其耐热温度可达800～1 000 ℃，切削速度很快提高到100 m/min以上。近年来，相继出现了陶瓷、人造金刚石、立方氮化硼等刀具新材料，其耐热温度都在1 000 ℃以上，切削速度可高达1 000 m/min。

(3)新工艺方面。随着科学技术的不断进步、新材料的不断出现，传统的加工模式难以满足实际需求，这就迫使人们去探索、研究新工艺和先进制造技术。自20世纪50年代以来，人们研制出一系列的特种加工技术，如电火花加工、电解加工、超声波加工、电子束加工、离子束加工、激光加工等。近年来，人们还对精密成形技术、快速成形技术进行了探索和研究，研制成

功了相应的成形工艺和成形系统，并已投入使用。这些新工艺、新技术的出现，改变了长期以来沿用的传统金属切削加工模式，为机械制造业增添了新的活力。

2. 数控加工在机械制造中的地位、作用及其发展概况

在国际竞争日益激烈的今天，机械产品的结构越来越合理，其性能、精度和效率日渐提高，更新换代频繁，生产类型由单一品种、大批量生产向多品种、小批量转化。因此，对机械产品的加工也提出了高精度、高柔性与高度自动化的要求。在机械产品中，单件与小批量产品占到70％～80％，这类产品采用通用机床加工，难以提高生产效率并保证加工质量。特别是对于一些曲线、曲面轮廓组成的复杂零件，只借助靠模和仿形机床，或者借助划线或样板手工操作的方法来加工，其加工精度和加工效率受到很大限制。

数控机床集成了微电子、计算机、信息处理、自动控制、伺服驱动、精密检测与新型的机械结构等方面的技术成果，具有高精度、高柔性、与高度自动化的特点。采用数控加工手段解决了机械制造中常规加工技术难以解决的，甚至是无法解决的单件、小批量，特别是复杂型面零件的加工。应用数控加工技术是机械制造业的一次革新，使机械制造业的发展进入了一个崭新的阶段，提高了机械制造水平，为社会提供了高质量、多品种、高可靠性的机械产品。目前，数控加工技术已经广泛应用于航空、船舶、汽车、铁路、机床、建筑等行业，并且获得了巨大的经济效益。

自1952年第一台数控铣床在美国诞生以来，随着微电子技术、计算机技术、自动控制和精密测量技术的发展，数控技术得到了迅速发展和更新换代。我国数控技术的发展过程可分为以下几个阶段：

第一阶段：1958～1965年，数控技术处于研发、试用阶段。成功研制了第一台数控铣床（电子管控制、步进电机和液力放大器拖动的开环系统）。

第二阶段：1965～1972年，成功研制了晶体管式数控系统。这一阶段，尽管数控机床的数量和品种不多，但在少数复杂零件的加工中已开始试用。

第三阶段：1972～1979年，主要是引进设备，进行技术消化和更新。这一阶段成功研制了集成电路数控系统。

第四阶段：20世纪80～90年代，是数控技术大发展阶段。通过多种渠道引进国外的先进技术，我国的数控技术水平发展很快，能够合作生产中档的数控设备，产品种类多达百余种。

第五阶段：20世纪90年代以后，我国研制出拥有自主知识产权的中高档数控设备。高校和研究所加入，推出了基于PC的CNC系统，自主研制了三轴、四轴、五轴联动的数控系统，并研制了具有工艺处理能力的加工中心等。数控机床的品种已超过500种，其中金属切削机床品种的数控化率已达20％以上。

进入21世纪，中国数控技术的重点是：以提高系统可靠性、实用化为前提，以易于联网和集成为目标；注重加强单元技术的开拓和完善；CNC单机向高精度、高速度、高柔性方向发展；数控机床及其构成的柔性制造系统能方便地与CAD、CAM、CAPP、MIS（管理信息系统）联结，向信息集成方向发展；网络系统向开放、集成和智能化方向发展。

3. 数控加工工艺研究的内容及任务

数控加工工艺是以数控机床加工中的工艺问题为研究对象的一门加工技术。它以机械制造中的基本工艺理论为基础，结合数控机床的特点，综合运用多方面的知识解决数控加工中的工艺问题。

数控加工工艺的内容包括：机床夹具、数控加工工艺的基本知识和基本理论、典型零件加

工工艺及其工艺分析、机械加工质量等。数控加工工艺研究的宗旨是如何科学、合理地优化设计加工工艺，充分发挥数控加工的优势，实现数控加工的优质、高效、低耗。

数控加工工艺是数控技术应用专业及机电类专业的主要专业课之一。通过本门课程的学习，学生应掌握数控加工工艺的基本知识和基本理论；掌握数控加工工艺的设计方法；学会选择机床夹具及主要表面的加工方法。通过有关的理论教学环节和实践教学环节的配合，使学生初步具有制订中等复杂程度零件的数控加工工艺和解决生产中一般工艺问题的能力。

4. 本门课程的特点和学习方法

数控加工工艺是一门综合性、实践性、灵活性很强的专业技术课程。结合课程的内容特点，学生在学习方法上应当注意以下几点：

(1)内容丰富、涉及面广、综合性强。本门课程不仅包含了机床夹具、制造工艺、机械加工质量等内容，还涉及了毛坯制造、金属材料、热处理、极限配合、机械制图、切削原理及刀具、加工设备等许多相关知识。因此，在本门课程的学习过程中应及时复习、巩固有关已修课程的知识，如有关的文化课(如数学)、技术基础课(如极限与配合、机械制图等)和专业课(如切削原理及刀具、数控机床等)，并力求学会综合应用。

(2)实践性强。"数控加工工艺"的基本理论源于生产实际，是长期生产实践的经验总结。因此，在学习本门课程时应理论联系实际，通过必要的实践教学环节(实验、实训等)，深入生产实际，将理论知识应用到实践中加以验证，才能掌握本课程的知识，不断提高分析和解决工艺问题的能力。

(3)应用灵活性强。对同一个问题，在实际加工过程中可能有多个方案，必须针对具体问题具体分析，结合现场实际，设计多种方案，综合应用所学知识，优选最佳方案。

1 概 述

1.1 数控加工过程与数控加工工艺系统

1.1.1 数控加工过程及特点

1. 数控机床加工的基本过程

数控加工就是根据零件图样、工艺技术要求等原始条件，编制零件数控加工程序，输入数控机床的数控系统，以控制数控机床中刀具相对工件的运动轨迹，从而完成零件的加工。利用数控机床完成零件的数控加工过程如图 1-1 所示。

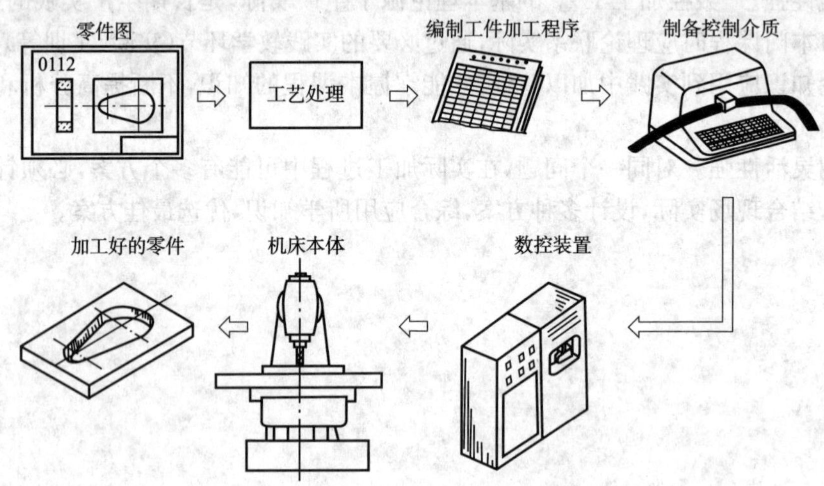

图 1-1　数控机床加工零件的基本过程

从图中可以看出，数控加工过程的主要工作内容包括以下几个方面：

(1)根据零件加工图样进行工艺分析，确定加工方案、工艺参数和位移数据。

(2)用规定的程序代码和格式编写零件加工程序单；或用自动编程软件进行 CAD/CAM 工作，直接生成零件的 NC 加工程序文件。

(3)程序的输入或传输。手工编程时，可以通过数控机床的操作面板输入程序；由自动编程软件生成的 NC 加工程序，通过计算机的串行通信接口直接传输到机床控制单元(Machine Control Unit，MCU)。

(4)将输入或传输到数控装置的 NC 加工程序进行试运行与刀具路径模拟等。

(5)通过对机床的正确操作，运行程序，完成零件的加工。

2. 数控加工的优点

(1)自动化程度高。数控加工过程是按输入程序自动完成的，简化了人工的操作，同时也降低了人工操作时的紧张程度。

(2)提高加工精度。数控机床本身的定位精度和重复定位精度都很高,很容易保证零件尺寸的一致性,同时也消除了普通机床加工中的人为误差。因此,数控加工的零件其一致性好,且质量稳定,便于对加工过程实行质量控制。

(3)生产效率高。使用数控机床加工,降低了对工装夹具的要求,加工时可在一次装夹中加工出很多个表面,省去了通用机床加工时原有的中间工序(如划线、装夹、检验等),避免了多次定位误差,缩短了辅助时间,同时也为后续工序(如装配等)带来了方便,使生产效率有非常显著的提高。

(4)灵活性高、适应性强。数控加工一般不需要太多复杂的工艺装备,就可以通过编制程序把形状复杂和精度要求高的零件加工出来。而当设计更改时,可以通过改变相应的程序来实现,一般不需要重新设计制造工装。因此,数控加工能大大缩短产品研制周期,给新产品的研制开发、旧产品的改进和改型提供了很好的条件。

(5)有利于实现计算机辅助制造。计算机辅助设计与制造(CAD/CAM)已成为航空、航天、汽车、船舶及其他机械行业实现现代化的必要手段。将用计算机辅助设计出来的产品图样及数据变为实际产品最有效的途径,就是采取计算机辅助制造技术直接制造出零部件。而数控机床使用数字信号与标准代码输入,最适宜于和数字式电子计算机连接,是计算机辅助制造系统的基础。

3. 数控加工的缺点

(1)加工成本一般较高。数控机床及其配套设备价格昂贵,其价格一般是同类通用机床的几倍甚至几十倍,再加上与之配套的计算机及其外围设备等,使其产品加工成本大大高于通用机床。同时,数控机床维修成本也很高。

(2)只适宜于多品种、中小批量生产。由于数控加工对象一般为较复杂零件,往往采用工序相对集中的工艺方法,在一次定位安装中加工出许多表面,延长了工序时间。尽管目前在数控机床的设计、制造方面作出了很多改进(如多轴化、自动交换工作台与柔性加工单元等),但与专用多工位组合机床或自动化的生产线相比,其在生产规模与生产效率方面仍有较大差距,即生产占机械加工 20%～30%的大批量零件,数控加工还难以适应。

(3)加工中难以调整。由于数控机床是按程序运行自动加工的,一般很难在加工过程中进行适时的人工调整。即便可以做局部调整,但其可调范围也很有限。

(4)对操作人员、维修人员的技术水平要求较高。数控机床是技术密集型的机电一体化产品,其操作和维修均较复杂,故要求操作、维修以及管理人员具有较高的文化水平和技术水平。

1.1.2 数控加工工艺系统的组成

机械加工中,由机床、夹具、刀具和工件等组成的统一体,称为工艺系统。数控加工工艺系统是由数控机床、夹具、刀具和工件等组成的,如图 1-2 所示。数控加工工艺系统性能的好坏直接影响零件的加工精度和表面质量。

(1)数控机床。采用数控技术或装备了数控系统的机床,称为数控机床。它是一种技术密集度和自动化程度都比较高的机电一体化加工装备。数控机床是实现数控加工的主体。

(2)夹具。在机械制造中,用以装夹工件(或引导刀具)的装置统称为夹具。在机械制造工厂,夹具的使用十分广泛,从毛坯制造到产品装配以及零件检测的各个生产环节,都有许多不同种类的夹具。夹具是实现数控加工的纽带。

(3)刀具。金属切削刀具是现代机械加工中的重要工具。无论是普通机床,还是数控机床都必须依靠刀具才能完成切削工作。刀具是实现数控加工的桥梁。

(4)工件。工件是数控加工的对象。

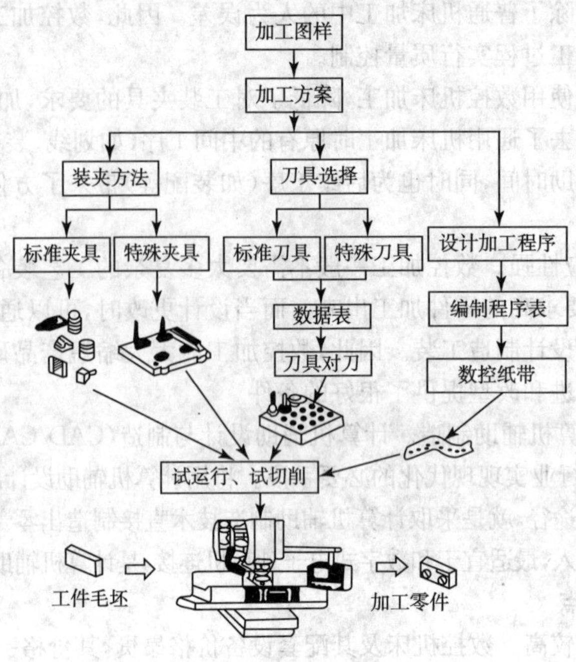

图 1-2 工艺系统的组成

1.2 数控加工工艺的特点与主要内容

数控加工工艺是伴随着数控机床的产生、发展而逐步完善起来的一种应用技术,是大量数控加工实践的总结。所谓数控加工工艺,是指在数控机床上加工零件的一种工艺方法。数控加工技术除用于机械加工外,还用于电加工、激光加工、火焰加工、绘印加工及编织加工等。

1.2.1 数控加工工艺的特点

数控加工与普通加工相比具有加工自动化程度高、加工精度高、加工质量稳定、生产效率高、生产周期短、设备使用费用高等特点。因此,数控机床加工工艺与普通机床加工工艺相比,具有如下特点:

1. 内容要求十分具体、详细

所有工艺问题必须预先设计和安排好,并编入加工程序中。数控加工工艺不仅包括详细的切削加工步骤和所用工装夹具的装夹方案,还包括刀具的型号、规格、切削用量和其他特殊要求的内容,以及标有数控加工坐标位置的工序图等。在自动编程中更需要确定各种详细的加工工艺参数。

2. 设计要求更严密、精确

数控加工过程中可能遇到的所有问题都必须预先考虑周全,否则将导致严重的后果。如攻螺纹时,数控机床不知道孔中是否已挤满铁屑,是否需要退刀清理铁屑后再继续加工;又如普通机床加工时,可以多次“试切”来满足零件的精度要求;而数控加工过程,严格按规定尺寸进给,要求准确无误。

3. 要进行零件图形的数学处理和编程尺寸设定值的计算

制定数控加工工艺时,编程尺寸并不是零件图上设计尺寸的简单再现。在对零件图进行数学处理和计算时,只有根据零件尺寸公差要求和零件形状的几何关系重新调整计算,才能确定合理的编程尺寸。

4. 要考虑进给速度对零件形状精度的影响

制定数控加工工艺时,选择切削用量要考虑进给速度对加工零件形状精度的影响。在数控加工中,刀具的移动轨迹是由插补运算完成的。根据插补原理分析,在数控系统已定的条件下,进给速度越快,插补精度越低,工件的轮廓形状精度越差。

5. 强调刀具选择的重要性

复杂型面的加工编程通常采用自动编程方式。在自动编程中,必须先选定刀具再生成刀具中心运动轨迹,若刀具预先选择不当,则所编程序只能推倒重来。

6. 加工工序相对集中

由于数控机床特别是功能复合化的数控机床,一般都带有自动换刀装置,在加工过程中能够自动换刀,一次装夹即可完成多道工序或全部工序的加工。因此,数控加工工艺的明显特点是工序集中,表现为工序数目少、工序内容多,并且由于在数控机床上尽可能安排较复杂的加工工序,所以数控加工工艺的工序内容比普通机床加工的工序内容复杂。

1.2.2 数控加工工艺的主要内容

数控加工工艺主要包括以下几个方面的内容:

(1)选择适合在数控机床上加工的零件并确定进行数控加工工序的内容。

(2)分析被加工零件图样。

(3)设计零件数控加工工艺方案。

(4)确定工件装夹方案。

(5)设计工步和加工进给路线。

(6)选择数控加工设备。

(7)确定刀具、夹具和量具。

(8)处理并确定被加工零件图形的编程尺寸设定值。

(9)确定加工余量。

(10)确定工序、工步尺寸及公差。

(11)确定切削参数。

(12)选择切削液。

(13)编写、校验、修改加工程序。

(14)首件试加工与现场工艺问题处理。

(15)定型并归档数控加工工艺的技术文件。

1.3 工艺过程的基本概念

1.3.1 生产过程和工艺过程

1. 生产过程

生产过程是指将原材料转变为成品的各个相互联系的劳动过程的总和。它包括:

(1)生产准备过程:包括产品投产前的市场调查研究、产品研制、技术鉴定等。

(2)基本过程:包括毛坯制造,零件加工,部件和产品的装配、调试、油漆和包装等。

(3)辅助生产过程:为保证基本生产过程能够正常进行所从事的辅助性生产活动的过程,包括工艺装备的设计制造、能源供应、设备维修等。

(4)生产服务过程:包括原材料采购、运输、保管、供应及产品包装、销售等。

由上述过程可知,机械产品的生产过程是相当复杂的,内容十分广泛,从产品开发、技术准备到毛坯制造、机械加工和装配,影响的因素和涉及的问题多而复杂。根据产品复杂程度不同,其生产过程可以由一个车间或一个工厂完成,也可由多个车间或工厂联合完成。

原材料和成品是一个相对的概念,一个车间或工厂的成品可以是另一个车间或工厂的原材料或半成品。比如铸造车间的成品就是机加工车间的原材料或半成品,而机加工车间的成品又是装配车间的原材料。

2. 工艺过程

所谓"工艺",就是制造产品的方法。在生产过程中,直接改变生产对象的形状、尺寸、相对位置和性质等,使其成为成品或半成品的过程称为工艺过程。它是生产过程的主要部分,包括毛坯制造、零件加工、热处理、部件和产品的装配、调试、油漆和包装等环节。其中,采用机械加工的方法,直接改变毛坯的形状、尺寸和表面质量等,使其成为合格零件的过程称为机械加工工艺过程。机械加工工艺过程直接决定零件和产品的质量,对产品的成本和生产周期都有较大的影响,是整个工艺过程的重要组成部分。

1.3.2　机械加工工艺过程的组成

为了便于生产的组织和管理,需要把机械加工工艺过程划分为不同层次的单元,即工序、安装、工位、工步和走刀。其中,工序是工艺过程中的基本单元,也是生产组织和计划的基本单元。机械加工工艺过程是由一个或若干个顺次排列的工序组成的,毛坯依次通过这些工序变为成品。

1. 工序

工序是指一个(或一组)工人,在一个工作地点(或一台机床上),对一个(或同时对几个)工件所连续完成的那一部分工艺过程。划分工序的依据是工作地点是否变化和工作过程是否连续。例如,在车床上加工一批轴,既可以对每一根轴连续地进行粗加工和精加工,也可先对整批轴进行粗加工,然后再依次对它们进行精加工。在第一种情形下,加工过程只有一个工序;而在第二种情形下,由于加工过程的连续性中断,虽然加工是在同一台机床上进行的,但却成为两个工序。

工序的内容可简可繁,需根据被加工零件的数量以及生产条件而定。图 1-3 所示为阶梯轴,其加工工艺过程将包括如下内容:

①切一端面;②打中心孔;③切另一端面;④打另一端中心孔;⑤车大外圆;⑥大外圆倒角;⑦车小外圆;⑧小外圆倒角;⑨铣键槽;⑩去毛刺。

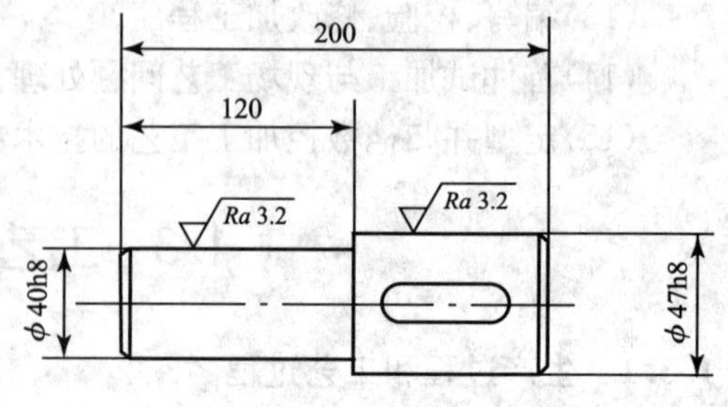

图 1-3　阶梯轴

当单件小批生产时,其工艺过程及工序的划分如表 1-1 所示;当大批大量生产时,其工艺过程及工序的划分如表 1-2 所示。

表 1-1　阶梯轴单件小批生产的工艺过程

工　序　号	工　序　内　容	设　备
1	车一端面，钻中心孔；调头车另一端面，钻中心孔	车　床
2	车大外圆及倒角，调头车小外圆及倒角	车　床
3	铣键槽；去毛刺	铣　床

表 1-2　阶梯轴大批大量生产的工艺过程

工　序　号	工　序　内　容	设　备
1	铣两端面，钻中心孔	组合机床
2	车大外圆及倒角	车　床
3	车小外圆及倒角	车　床
4	铣键槽	铣　床
5	去毛刺	钳 工 台

2. 安装

安装是指工件经过一次装夹后所完成的那部分工序内容。在一个工序中，工件可能安装一次，也可能需要安装几次。例如表 1-1 所示的工序 1 和工序 2 均有两次安装，而表 1-2 所示的工序只有一次安装。为了减少误差和辅助时间，在一个工序中应尽量减少安装次数。在机械加工中，使工件在机床上或在夹具中占据某一正确位置并被夹紧的过程称为装夹。有时，工件在机床上需经过多次装夹才能完成一个工序的工作内容。

3. 工位

为了减少安装次数，常采用转位（或移位）夹具、回转工作台，使工件在一次安装中先后处于几个不同的位置进行加工。其中工件在机床上相对于机床或刀具所占据的每一个加工位置就称为一个工位。图 1-4 所示为回转工作台上一次安装完成工件的装卸、钻孔、扩孔和铰孔四个工位的加工实例。采用这种多工位加工方法，可以提高零件的加工精度和生产率。

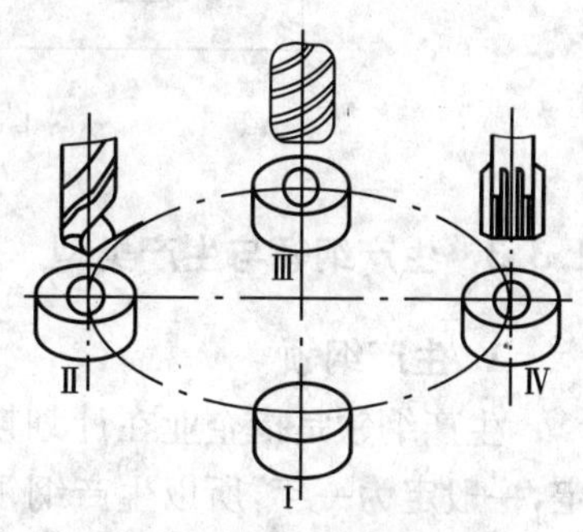

图 1-4　多工位加工
Ⅰ—装卸工件；Ⅱ—钻孔；
Ⅲ—扩孔；Ⅳ—铰孔

4. 工步与走刀

工步是指在一个工序中，当加工表面不变、切削工具不变、切削用量中的进给量和切削速度不变的情况下所完成的那部分工艺过程。以上三种因素中任一因素改变后，即成为新的工步。一个工序可以只包括一个工步，也可以包括几个工步。

为了简化工序内容的叙述，对于在一次安装中连续进行的若干个相同的工步，可视为一个工步，如图 1-5 所示；为了提高生产效率，将用几把不同刀具同时加工一个零件的几个表面的工步，称为复合工步，其在工艺文件中视为一个工步，如图 1-6 所示。

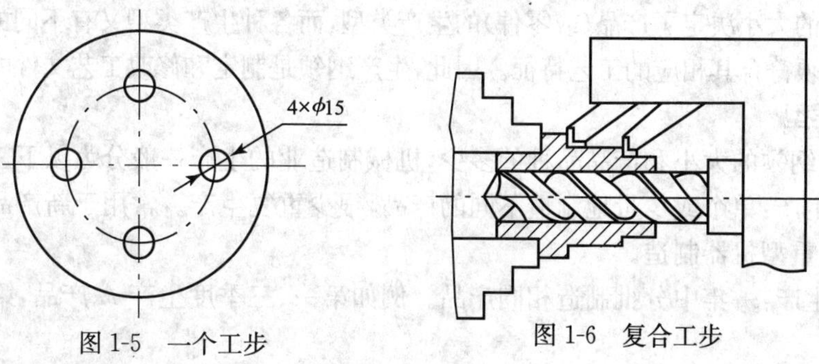

图 1-5　一个工步　　图 1-6　复合工步

在一个工步内,如果被加工零件表面需切除的金属层很厚,需分几次切削,则每进行一次切削就是一次走刀。一个工步可以包括一次或多次走刀。

图 1-7 所示的是一个带半封闭键槽阶梯轴的两种生产类型的工艺过程实例,从中可看出各自的工序、安装、工位、工步、走刀之间的关系。

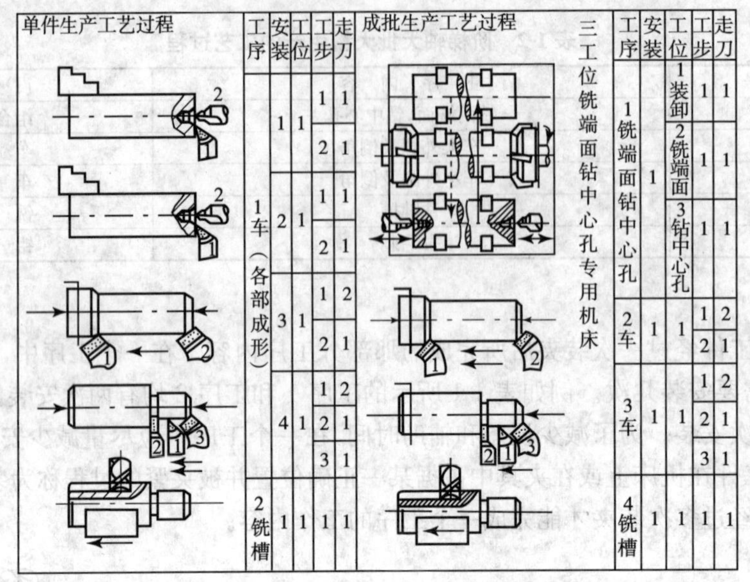

单件生产工艺过程	工序	安装	工位	工步	走刀
	1车(各部成形)	1	1	1	1
				2	1
		2	1	1	1
				2	1
		3	1	1	2
				2	1
		4	1	1	2
				2	1
				3	1
	2铣槽	1	1	1	1

成批生产工艺过程		工序	安装	工位	工步	走刀
	三工位铣端面钻中心孔专用机床	1铣端面钻中心孔	1	1装卸	1	1
				2铣端面	1	1
				3钻中心孔	1	1
		2车	1	1	1	2
					2	1
		3车	1	1	1	2
					2	1
					3	1
		4铣槽	1	1	1	1

图 1-7　阶梯轴加工工序划分方案比较

1.3.3　生产纲领与生产类型

1. 生产纲领

生产纲领是指企业在计划期内生产的产品数量和进度计划。计划期根据市场的需求而定,一般定为一年,所以生产纲领也就是产品的年产量。零件的生产纲领是指包括废品和备品在内的零件年产量,可按下式计算:

$$N = Qn\,(1 + a\,\% + b\,\%) \tag{1-1}$$

式中　N ——零件的年产量(件/年);

Q ——产品的年产量(台/年);

n ——每台产品中该零件的数量(件/台);

$a\,\%$——该零件的备品百分率;

$b\,\%$——该零件的废品百分率。

生产纲领的大小决定了产品(或零件)的生产类型,而各种生产类型又有不同的工艺特征,制定工艺文件必须符合其相应的工艺特征。因此,生产纲领是制定和修改工艺文件的重要依据。

2. 生产类型

根据生产纲领的大小和产品品种的多少,机械制造业的生产一般分为以下三种类型:

(1)单件生产:单个或少量地制造不同的产品,很少重复生产。常用于新产品试制,专用设备制造,大型、重型机器制造。

(2)批量生产:一年中分批制造相同产品。例如第一、三季度生产 A 产品,第二、四季度生产 B 产品。

每批所制造的相同产品的数量称为批量。根据批量的大小又可分为小批生产、中批生产、大批生产三种类型。在工艺上，小批生产和单件生产类似，常合称为单件小批生产；大批生产和大量生产相似，常合称为大批大量生产。

(3)大量生产：相同产品的数量很大，长年地重复生产相同产品。例如汽车、拖拉机、发动机及一些通用件(如轴承)等都以此种生产方式组织生产。

生产纲领和生产类型的关系随产品的大小和复杂程度的差异而不同。在生产中，生产类型可根据生产纲领和产品及零件的特征或者按工作地点每月担负的工序数来划分，可参考表 1-3所示的数据进行分类。

表 1-3　生产纲领和生产类型的关系

生产类型	工作地点每天担负的工序数	产品年产量/件		
		重型 (零件重大于 2 000 kg)	中型 (零件重 100～2 000 kg)	轻型 (零件重小于 100 kg)
单件生产	不作规定	<5	<20	<100
小批生产	20～40	5～100	20～200	100～500
中批生产	10～20	100～300	200～500	500～5 000
大批生产	1～10	300～1 000	500～5 000	5 000～50 000
大量生产	1	<1 000	<5 000	<50 000

为了获得最佳的经济效益，对于不同的生产类型，其生产组织、生产管理、车间管理、毛坯选择、设备工装、加工方法和工人的技术等级要求均有所不同，其各自的工艺特点，如表 1-4 所示。

表 1-4　各种生产类型的工艺特征

特　点	单件生产	成批生产	大量生产
加工对象	经常变换	周期性变换	固定不变
毛坯的制造方法及加工余量	木模手工造型或自由锻，毛坯精度低，加工余量大	金属模造型或模锻，毛坯精度与余量中等	广泛采用模锻或金属模机器造型，毛坯精度高，余量少
机床设备	采用通用机床、部分采用数控机床，按机床种类及大小采用“机群式”排列	通用机床及部分高生产率机床，按加工零件类别分工段排列	专用机床，自动机床及自动线，按流水线形式排列
夹具	通用夹具或组合夹具	广泛采用专用夹具	采用高效率专用夹具
刀具与量具	通用刀具和万能量具	较多采用专用刀具及专用量具	采用高生产率刀具和量具，自动测量
对工人的要求	技术熟练的工人	一定熟练程度的工人	对操作工人的技术要求低，对调整工人的技术要求较高
工艺规程	简单的工艺路线卡	有比较详细的工艺规程	有详细的工艺规程
工件的互换性	零件不互换，主要靠钳工修配	多数互换，少数试配或修配	全部互换或分组互换
生产率	低	中	高
成本	高	中	低
发展趋势	箱体类复杂零件采用加工中心加工	采用成组技术、数控机床或柔性制造系统进行加工	在计算机控制的自动化制造系统中加工，并可能实现在线故障诊断，自动报警和加工误差自动补偿

1.3.4　工件获得加工精度的方法

人们在长期的生产实践中，创造出许多机械加工方法。这些方法的目的是使工件获得一定的尺寸精度、形状精度、位置精度和表面质量。

1. 获得尺寸精度的方法

机械加工中获得工件尺寸精度的方法，主要有以下几种：

(1)试切法。即先试切出很小部分加工表面,测量试切所得的尺寸,按照加工要求适当调整刀具切削刃相对工件的位置,再试切,再测量,如此经过两、三次试切和测量,当被加工尺寸达到要求后,再切削整个待加工表面。

试切法达到的精度可能很高,它不需要复杂的装置,但这种方法费时(需作多次调整、试切、测量、计算),效率低,依赖工人的技术水平和计量器具的精度,质量不稳定,只用于单件小批生产。

作为试切法的一种类型——配作,是以已加工件为基准,加工与其相配的另一工件,或将两个(或两个以上)工件组合在一起进行加工的方法。

(2)调整法。预先按试切好的样件尺寸或对刀样板调整好刀具与工件的相对位置,用以保证工件的尺寸精度。因为加工尺寸预先按样件调整到位,所以加工时不用再试切,尺寸自动获得,并在一批零件加工过程中保持不变,这就是调整法。例如,采用铣床夹具时,刀具的位置靠对刀块确定。调整法的实质是利用机床上的定程装置或对刀装置或预先调整好的刀架,使刀具相对于机床或夹具达到一定的位置精度,然后加工一批工件。

在机床上按照刻度盘进刀,然后切削,也是调整法的一种。这种方法需要先用试切法决定刻度盘上的刻度。大批量生产中,多用定程挡块、样件、样板等对刀装置进行调整。

与试切法相比,采用调整法加工的精度稳定性好,有较高的生产率,对机床操作工的要求不高,但对机床调整工的要求高,常用于成批生产和大量生产。

(3)定尺寸法。用刀具的相应尺寸来保证工件被加工部位尺寸的方法称为定尺寸法。它是利用具有一定尺寸精度的刀具(例如铰刀、扩孔钻、钻头等)进行加工,靠刀具自身的精度来保证工件被加工部位(例如孔)的精度。

定尺寸法操作方便,加工精度比较稳定,几乎与工人的技术水平无关,生产率较高,在各种类型的生产中应用广泛,例如钻孔、铰孔等。

(4)主动测量法。在加工过程中,边加工边测量,并将所测结果与设计要求的尺寸比较后,或使机床继续工作,或使机床停止工作,这就是主动测量法。

目前,主动测量中的数值可用数字显示。主动测量法把测量装置加入工艺系统(即机床、刀具、夹具和工件组成的统一体)中,成为其中的第五个因素。主动测量法质量稳定,且生产率高。

(5)自动控制法。即将测量装置、进给装置和控制系统组成一个自动加工系统,加工过程依靠系统自动完成。尺寸测量、刀具补偿调整和切削加工以及机床停车等一系列工作自动完成,自动达到所要求的尺寸精度。例如,在数控机床上加工零件时,就是通过程序的各种指令来控制加工顺序和加工精度的。自动控制的具体方法有两种:

①自动测量。机床上有自动测量工件尺寸的装置,在工件达到要求的尺寸时,测量装置即发出指令使机床自动退刀并停止工作。

②数字控制。机床中有控制刀架或工作台精确移动的伺服电动机、滚珠丝杠螺母副及整套数字控制装置,尺寸的获得(刀架的移动或工作台的移动)由预先编制好的程序通过计算机数字控制装置自动控制。

目前,自动控制法已广泛采用按加工要求预先编排程序的数控机床和自适应控制机床。数控机床由控制系统发出数字信息指令进行工作;自适应控制机床能适应加工过程中加工条件的变化,自动调整切削用量,按规定条件进行自动控制加工,实现加工过程最佳化。

自动控制法加工质量稳定、生产率高、加工柔性好,能适应多品种生产,是目前机械制造的发展方向和计算机辅助制造(CAM)的基础。

2. 获得形状精度的方法

(1)轨迹法。依靠刀尖的运动轨迹获得加工工件形状精度的方法称为轨迹法,也称刀尖轨迹法。刀具相对于工件做有规律的运动,以其刀尖轨迹获得所要求的表面几何形状。刀尖的运动轨迹取决于刀具和工件的相对成形运动,因而所获得的形状精度取决于成形运动的精度。数控车床、普通车削和刨削等均属轨迹法,如图 1-8 所示。

(2)成形法。利用成形刀具对工件进行加工的方法称为成形法。成形刀具的切削刃就是工件外形,使用成形刀具可以取代一个成形运动,从而简化了机床结构或切削运动,提高了生产率。成形法所获得的形状精度取决于成形刀具的形状精度和其他成形运动的精度。图 1-9 所示为用成形法车球面。

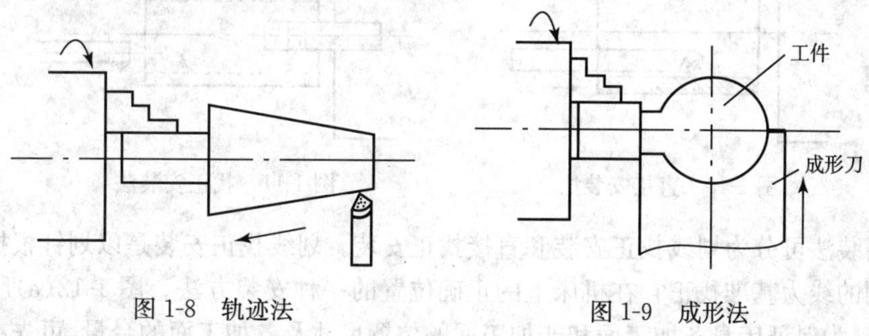

图 1-8 轨迹法　　图 1-9 成形法

(3)相切法。利用刀具边旋转边做轨迹运动对工件进行加工的方法称为相切法。例如铣刀、砂轮等旋转刀具加工工件时,切削点运动轨迹的包络线形成工件表面的方法。相切法所获得的形状精度主要取决于刀具中心按轨迹运动的精度。

(4)展成法(范成法)。利用工件和刀具做展成切削运动进行加工工件的方法称为展成法。展成法所获得的加工表面是切削刃和工件做展成运动过程中所形成的包络面,切削刃形状必须是被加工面的共轭曲线。它所获得的精度取决于切削刃的形状和展成运动的精度等。这种方法用于各种齿轮齿廓、花键键齿、蜗轮轮齿等表面的加工。其特点是刀刃的形状与所需加工表面的几何形状不同。例如,齿轮加工,刀刃为直线(滚刀、齿条刀),而加工表面为渐开线。展成法形成的渐开线是滚刀与工件按严格速比转动时,刀刃的一系列切削位置的包络线。

3. 获得位置精度的方法

(1)一次安装法。是指有位置精度要求的零件的各有关表面在工件一次安装中完成并保证精度。例如轴类零件外圆与端面的垂直度,箱体孔系中各孔之间的平行度、垂直度及同一轴线上各孔的同轴度等。

一次安装法一般是通过夹具装夹实现的。夹具上的定位元件和夹紧元件能使工件迅速获得正确位置,并使其固定在夹具和机床上。因此,工件定位方便,定位精度高而且稳定,装夹效率也高。当以精基准定位时,工件的定位精度一般可达 0.01 mm。所以,用专用夹具装夹工件广泛用于中、大批生产。由于制造专用夹具费用较高、周期较长,在单件小批生产时,很少采用专用夹具,而是采用通用夹具。当工件的加工精度要求较高时,可采用标准元件组装的组合夹具,使用后元件可拆回。

(2)多次安装法。这种安装方法的零件有关表面的位置精度是由加工表面与工件定位基准面之间的位置精度决定的。例如轴类零件键槽相对于外圆的对称度,箱体平面与平面之间的平行度、垂直度等。多次安装法根据工件安装方式不同又可分为直接安装法、找正安装法和夹具安装法。

①直接安装法。工件直接安装在机床上，从而保证加工表面与定位基准面之间的精度。例如，在车床上加工与外圆同轴的内孔，可用三爪卡盘直接安装工件，如图 1-10 所示。

②找正安装法。找正是用工具(和仪表)根据工件上有关基准，找出工件在划线、加工(或装配)时的正确位置的过程。用找正方法装夹工件称为找正安装，包括划线找正安装法和直接找正安装法。通过找正保证加工表面与定位基准面之间的精度，例如，在车床上用四爪单动卡盘和百分表找正后将工件夹紧，可加工出与外圆同轴度很高的孔，如图 1-11 所示。

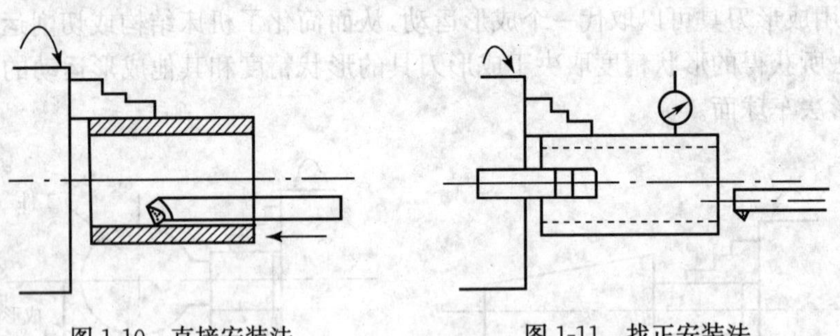

图 1-10　直接安装法　　图 1-11　找正安装法

找正安装法可分为划线找正安装和直接找正安装。划线找正安装是以划针根据毛坯或半成品上所划的线为基准找正它在机床上的正确位置的一种安装方法。图 1-12(a)所示的是车床床身毛坯，为保证床身各加工面和非加工面的位置尺寸及各加工面的余量，可先在钳工台上划好线，然后在龙门刨床工作台上用可调支承支起床身毛坯，用划针按线找正并夹紧，再对床身底平面进行粗刨。由于划线既费时，又需技术水平高的划线工，同时划线找正的定位精度也不高，所以划线找正安装只适用于批量不大、形状复杂而且笨重的工件，或毛坯的尺寸公差很大而无法采用夹具装夹的工件。

直接找正安装是用划针和百分表或通过目测直接在机床上找正工件位置的装夹方法。图 1-12(b)所示的是用四爪单动卡盘装夹套筒，先用百分表按工件外圆进行找正后，再夹紧工件进行外圆的车削，以保证套筒 A、B 圆柱面的同轴度。该方法的生产率较低，对工人的技术水平要求高，一般只用于单件小批生产。

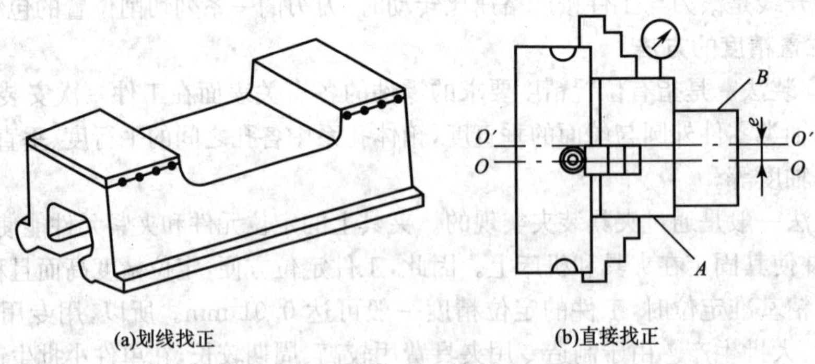

图 1-12　找正安装

思考与复习题

1. 简述数控加工过程。
2. 数控加工工艺的特点有哪些?
3. 数控加工有哪些优缺点?
4. 数控加工工艺包括哪些内容?
5. 什么是生产过程和工艺过程?
6. 什么是工序、安装、工位、工步和走刀?
7. 生产类型分哪几类? 各有什么特点?
8. 试述获得加工精度的主要方法。

2 机床夹具简介

2.1 概　述

2.1.1 机床夹具的作用

在机床上用于安装工件的工艺装备称为机床夹具(简称为夹具)。夹具的主要功用是实现工件的定位与夹紧,使工件在加工时相对于机床、刀具占有正确的位置,以保证稳定地获得较高的加工精度。

图 2-1 所示为在车床上加工异形杆件的 ϕ14H7 孔,要保证此孔的轴线与 ϕ20h7 外圆轴线距离尺寸(70±0.05) mm 以及平行度公差 0.05 mm。其车床夹具的结构如图 2-2 所示:工件以 ϕ20h7、ϕ30 外圆为定位基面,分别在 V 形架 2、可调 V 形架 6 上定位,并用铰链压板 1 和螺钉 5 夹紧。从图中可以看出:只要严格控制夹具上 V 形架 2 的位置和方向,就能够保证尺寸(70±0.05) mm 以及平行度公差 0.05 mm 的设计要求。

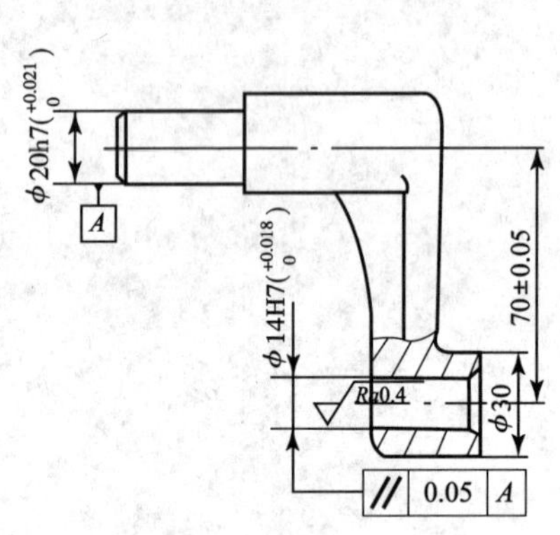

图 2-1　异形杠杆简图

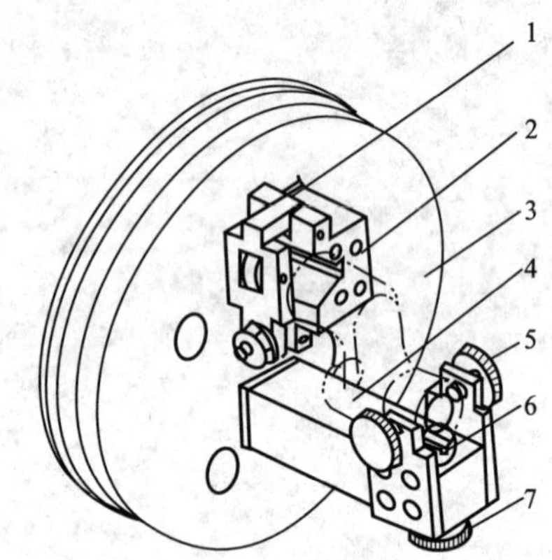

图 2-2　车床夹具

1—铰链压板;2—V 形架;3—夹具体;
4—支架;5—螺钉;6—可调 V 形架;7—微调螺杆

从上述机床夹具的分析过程中不难看出,机床夹具在零件的加工过程中主要有以下作用:

(1)工件易于正确定位,保证加工精度。工件装入夹具时,依靠夹具在机床中占有正确的位置。工件上加工表面与不加工表面之间的相互位置关系完全由夹具来保证,不需找正即可夹紧。只要能够保证夹具在机床中的正确位置,就可保证工件相对于机床和刀具具有正确的位置，从而稳定地获得较高的加工精度。

(2)缩短安装时间，提高生产效率。一方面工件在夹具中通过定位元件可以实现快速定位；另一方面在夹紧工件时，可以通过采用联动夹紧、快速夹紧或机动夹紧等夹紧方式缩短辅助时间，提高生产效率。

(3)扩大机床加工范围，实现一机多能。采用夹具后，可以扩大机床的加工范围。例如，在车床的溜板上或摇臂钻床工作台上安装镗模，可以代替镗床实现箱体的镗孔加工。

(4)改善工人的劳动条件。使用夹具装夹工件安全、可靠、操作方便；如果采用机动夹紧工件，还可降低对工人的技术要求，减轻工人的劳动强度。

2.1.2 机床夹具的分类

夹具的种类繁多，一般按使用范围和特点可分为通用夹具、专用夹具、可调夹具、组合夹具等。

(1)通用夹具。通用夹具是指已经标准化的，可用于加工一定范围内不同工件的夹具。例如车床上的三爪、四爪卡盘、顶尖、鸡心夹头等；铣床上的平口虎钳、万能分度头、回转工作台等。这类夹具具有很大的通用性，一般作为机床附件供应给用户，在单件、小批生产中广泛用于装夹定位基准面比较简单的工件。

(2)专用夹具。专用夹具是专门为某一工件的某道工序的加工而设计制造的夹具。专用夹具一般用于成批及大量生产中，具有结构紧凑、操作简单、使用方便等特点，是机械制造厂中数量最多的一种机床夹具。

(3)可调夹具。可调夹具包括通用可调整夹具和专用可调整夹具，其特点是夹具经过调整或更换少数元件，便可适用于加工形状相似、尺寸相近、加工工艺相同的多种工件。通用可调夹具的调整范围大，适用面较宽；专用可调整夹具是为某一组工件专门设计的，装夹对象和使用范围明确，可使其结构更为紧凑。

(4)组合夹具。组合夹具是按某一工件的某道工序的加工要求，由一套预先制造好的标准元件组装而成的“专用夹具”。这种夹具在使用上具有专用夹具的优点，用完之后可将元件拆卸、清洗，重新组成新的夹具再次使用。由于组合夹具是由各种标准元件和组合件组装而成，故具有组装迅速、周期短、能反复使用等特点。因此，在多品种、小批量生产，特别是加工中心、柔性加工系统中尤为适用。

此外，按所使用的机床不同可将夹具分为车床夹具、铣床夹具、钻床夹具、镗床夹具等；按夹紧动力源不同，可将夹具分为手动夹具、气动夹具、液压夹具、电动夹具、电磁夹具、真空夹具等。机床夹具分类如图 2-3 所示。

2.1.3 机床夹具的组成

机床夹具的种类繁多，结构各异，但就其主要功能加以分析，一般由定位元件、夹紧装置、夹具体、其他辅助装置或元件构成。

1. 定位元件

定位元件是夹具的主要功能元件之一，用于确定工件在夹具中的位置。通过工件定位基准(或定位基面)与其保持接触，使工件在加工时相对于机床、刀具占有正确位置。图 2-2 所示的 V 形架 2 和可调 V 形架 6 就是定位元件。

2. 夹紧装置

夹紧装置是夹具的主要功能元件之一，其作用是在加工过程中保持工件在夹具中的既定

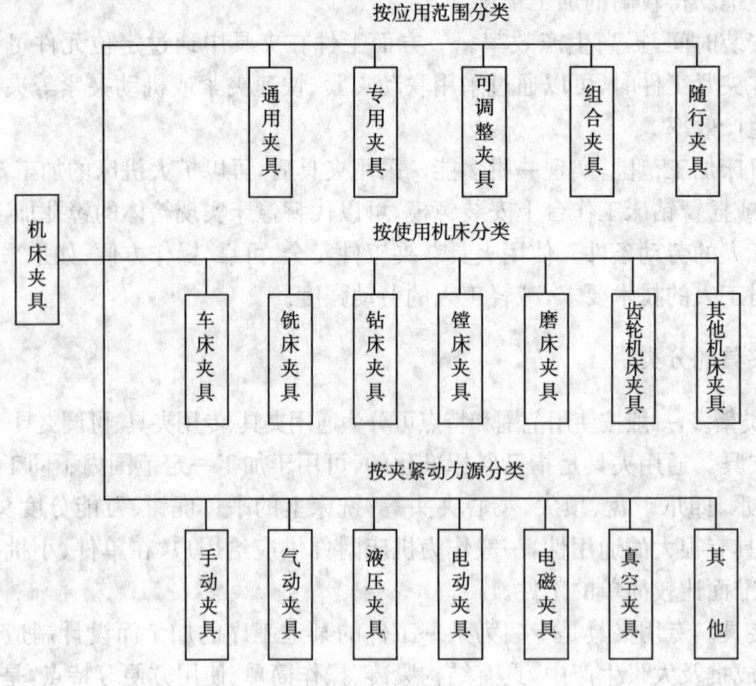

图 2-3　机床夹具的分类

位置，使其不因受外力作用而产生位移或振动。图 2-2 所示的铰链压板 1 和螺钉 5 就是用来夹紧工件的夹紧装置。

3. 夹具体

夹具体是夹具的基础件，通过它将夹具的所有元件连接成一个有机整体。

4. 其他辅助装置或元件

除了定位元件、夹紧装置、夹具体之外，各种夹具根据需要还有一些其他装置或元件，例如分度装置、对刀元件、连接元件、导向元件等。

2.2　工件在夹具中的定位

2.2.1　工件定位的基本原理

1. 六点定位原理

按照运动学的概念，任何物体在空间处于自由状态时具有六个自由度，即在空间直角坐标系中有六个独立的运动，它们是沿空间三个直角坐标轴 X、Y、Z 方向的移动以及绕三个直角坐标轴的转动，分别以 $\vec{X}$、$\vec{Y}$、$\vec{Z}$、$\widehat{X}$、$\widehat{Y}$、$\widehat{Z}$ 表示。要使工件在机床夹具中正确定位，必须限制或约束工件的这些自由度。图 2-4 中所示的是采用六个定位支承点的合理布置，使工件有关定位基面与其相接触，每一个定位支承点限制了工件的一个自由度，便可将工件的六个自由度完全限制，使工件在空间的位置被唯一确定。这种采用合理布置的六个定位支承点来限制工件的六个自由度，使工件的位置完全确定的方法称为工件的六点定位原则。

在夹具中，限制工件自由度是通过定位基准（定位基面）与定位元件工作表面相接触来实现的，最典型的方法是按照六点定位原理在夹具上设置六个支承钉，如图 2-4 所示。每次安装工件，都使工件的定位基面分别与支承工作面相接触，这样就限制了工件的六个自由度。其中与三个支承钉接触的面为主要定位基准，一般选工件上较大的面作为主要定位基准；与两个支承钉接触的面为导向定位基准，一般选工件上窄长的面作为导向定位基准，两个支承钉的距离应布置得尽量远一些；与一个支承钉接触的面为止推定位基准。

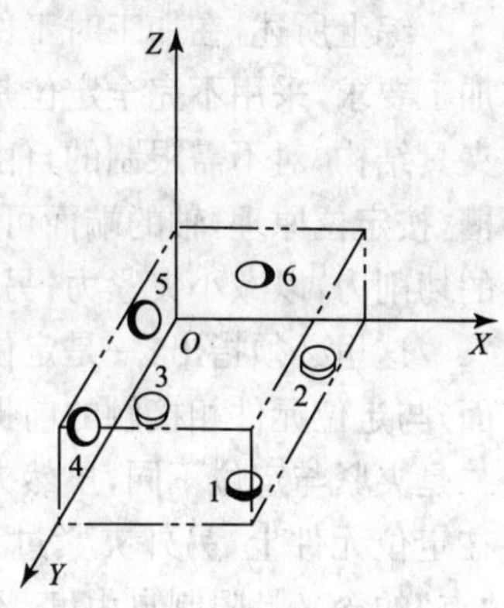

图 2-4　长方体定位时的支承点分布

2. 完全定位与不完全定位

根据六点定位原理，工件在夹具中定位时，要使工件在某些方向上有确定的位置，就必须在夹具上用相应的几个点限制工件某些方向的自由度，习惯上称为几点定位。如果要使工件在六个方向上全都有确定的位置，就要限制全部的自由度，称为六点定位，亦称为完全定位；如果定位点少于六个也能保证加工要求，则这种定位方式称为不完全定位。

在实际生产中，由于工件结构不同，定位元件的结构及其在夹具中的位置也是千变万化的，但不管怎样变化，它们必须服从六点定则。图 2-5(a)所示为套形工件，工序加工要求是在外圆柱面上钻一孔。工件的定位情况可简化为图 2-5(b)所示样式。其装夹如图 2-5(c)所示。定位销台肩 A 相当于三点支承，限制了 $\vec{X}$、$\widehat{Y}$、$\widehat{Z}$ 三个自由度；圆柱面 B 与工件的轴线相比为短销接触，其作用相当于两点支承，限制了 $\vec{Y}$、$\vec{Z}$ 两个自由度；挡销 C 属于一点接触，限制了 $\widehat{X}$ 一个自由度。这些定位元件组合起来相当于六点支承，限制工件的六个自由度。其中，工件的端面是主要定位基准；工件的内孔轴线是导向定位基准；工件的键槽为止推定位基准。又例如图 2-6(a)所示为在车床上加工通孔，只需限制四个自由度，不需限制 $\vec{X}$、$\widehat{X}$ 自由度，用三爪自动定心卡盘装夹即可。再如在平面磨床上磨平面，当工件只有厚度和平行度要求时，工件只需限制三个自由度。图 2-6(b)所示为将工件放置在平面磨床磁力工作台上便可加工。

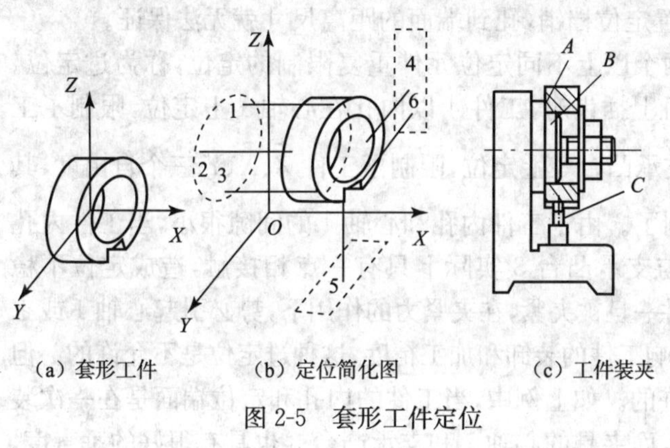

(a) 套形工件　　(b) 定位简化图　　(c) 工件装夹

图 2-5　套形工件定位

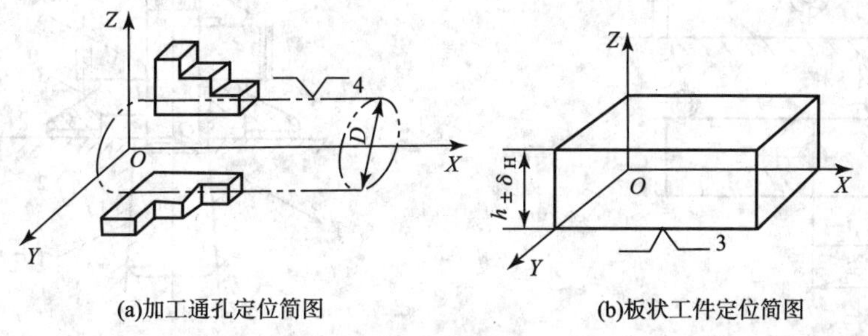

(a)加工通孔定位简图　　(b)板状工件定位简图

图 2-6　不完全定位

综上所述，在加工时工件定位需要限制几个自由度，完全由工件的技术要求所决定。根据加工要求，采用不完全定位是允许的，也是符合六点定位原理的。在考虑定位方案时，为简化夹具结构，对不需限制的自由度，一般不设置定位支承点。有时会遇到特例，如在光轴上铣通槽，按定位原理，轴的端面可不设置定位销，但实际上应设置一个定位挡销，一方面可承受一定的切削力，以减小夹紧力；另一方面也便于调整机床的工作行程。

这里必须指出：一是定位元件限制工件某一方向的移动或转动，是在定位基准（或定位基面）与定位元件相接触的前提下进行分析的，如果工件离开了定位元件就不能称其为定位了；二是夹紧与定位不同，虽然夹紧件也与工件接触，但其目的是产生夹紧力，使工件牢固地接触在定位元件上，另外夹紧过程通常安排在定位之后，即先定位，后夹紧；三是六点定位原理中"点"的含义是限制自由度，不要机械地理解成接触点，图 2-6(b)所示的板状工件安放在工作台上限制了工件的三个自由度，即是三点定位。

3. 欠定位与过定位

(1)欠定位。根据工件的加工技术要求，应该限制的自由度没有被限制的定位称为欠定位。欠定位显然不能保证本工序的加工技术要求，其在工艺过程中是绝对不允许的。图 2-7 所示为工件的钻孔，若在 X 方向上未设置定位档销，孔到端面的距离尺寸就无法保证。

(2)过定位。工件的同一自由度被两个以上不同定位元件重复限制的定位，称为过定位。例如图 2-8 所示为齿坯的定位，在插齿机上插齿时，工件 4 以内孔在心轴 1 上定位，限制了工件 $\vec{X}$、$\vec{Y}$、$\widehat{X}$、$\widehat{Y}$ 四个自由度，又以端面在支承凸台 3 上定位，限制了工件 $\vec{Z}$、$\widehat{X}$、$\widehat{Y}$ 三个自由度，其中 $\widehat{X}$、$\widehat{Y}$ 被心轴 1 或支承凸台 3 重复限制了。由于工件内孔和心轴 1 的间隙很小，当工件内孔与端面的垂直度误差较大时，工件端面与支承凸台 3 实际上只有一点相接触，造成定位不稳定，如图 2-9(a)所示。更为严重的是，工件一旦被夹紧，在夹紧力的作用下，势必引起心轴 1 或工件的变形，如图 2-9(b)所示。这样就会影响工件的装卸和加工精度，这种过定位是不允许的。但是，在有些情况下，形式上的过定位是允许的。如上例中，当工件的内孔和定位端面是在一次装夹中加工出来的，两者具有很好的垂直度，而夹具的心轴 1 和支承凸台 3 也具有很好的垂直度，即使两者仍有很小的垂直度偏差，也可由心轴 1 和内孔之间的配合间隙来补偿。因此，尽管心轴 1 或支承凸台 3 重复限制了两个自由度，属于过定位，但不会引起相互干涉和冲突，在夹紧力作用下，工件或心轴不会变形，这种定位的定位精度高，刚性好，是可取的。

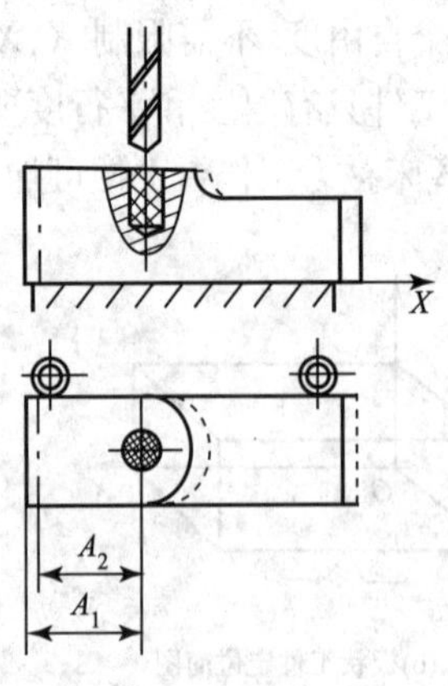

图 2-7　欠定位

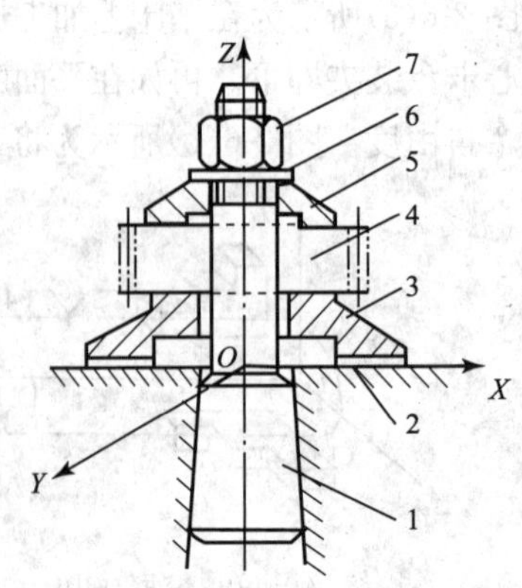

图 2-8　插齿时齿坯的定位

1—心轴；2—工作台；3—支承凸台；4—工件；5—压垫；6—垫圈；7—压紧螺母

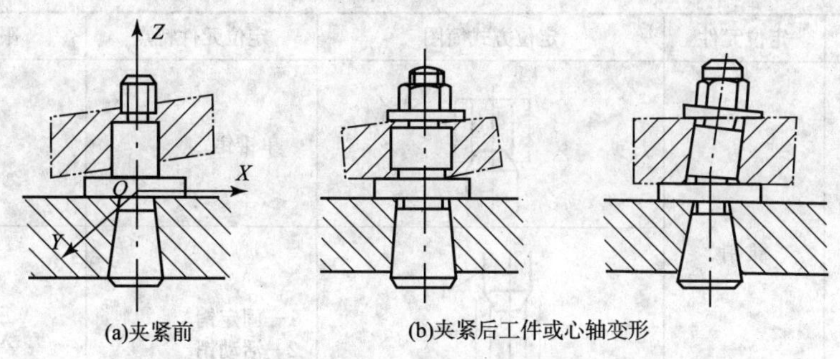

(a)夹紧前　　(b)夹紧后工件或心轴变形

图 2-9　齿坯过定位的影响

综上所述,欠定位不能保证工件的加工要求,是不允许的。过定位在一般情况下,由于定位不稳定,在夹紧力的作用下会使工件或定位元件产生变形,影响加工精度和工件的装卸,应尽量避免;但在有些情况下,只要重复限制自由度的支承点不使工件的装夹相互干涉及发生冲突,这种形式上的过定位,不但可取,而且有利于提高工件加工时的刚性,在生产实际中也有较多的应用。

表 2-1 所示为一些典型定位元件所能限制的自由度,供分析定位时参考。

表 2-1　常用定位元件所能限制的自由度

工件定位基面	定位元件	定位方式简图	定位元件特点	限制的自由度
平面	支承钉	1 2 3 4 5 6		1、2、3—$\vec{Z}$、$\widehat{X}$、$\widehat{Y}$ 4、5—$\vec{X}$、$\widehat{Z}$ 6—$\vec{Y}$
	支承板	1 2 3	每个支承板也可设计成两个或两个以上小支承板	1、2—$\vec{Z}$、$\widehat{X}$、$\widehat{Y}$ 3—$\vec{X}$、$\widehat{Z}$
	固定支承与浮动支承	1 2 3	1、3—固定支承 2—浮动支承	1、2—$\vec{Z}$、$\widehat{X}$、$\widehat{Y}$ 3—$\vec{X}$、$\widehat{Z}$
	固定支承与辅助支承	1 2 3 4 5	1、2、3、4—固定支承 5—辅助支承	1、2、3—$\vec{Z}$、$\widehat{X}$、$\widehat{Y}$ 4—$\vec{X}$、$\widehat{Z}$ 5—不限制自由度
圆孔	定位销(心轴)		短销(短心轴)	$\vec{X}$、$\vec{Y}$
			长销(长心轴)	$\vec{X}$、$\vec{Y}$、$\widehat{X}$、$\widehat{Y}$

续上表

工件定位基面	定位元件	定位方式简图	定位元件特点	限制的自由度
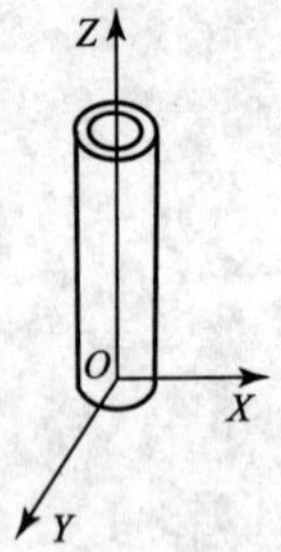	锥销	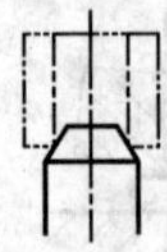	单锥销	$\vec{X}$、$\vec{Y}$、$\vec{Z}$
	锥销	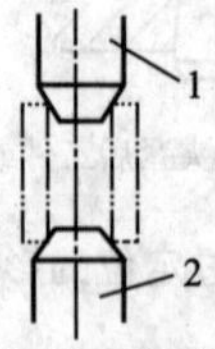	1—固定销 2—活动销	$\vec{X}$、$\vec{Y}$、$\vec{Z}$、$\widehat{X}$、$\widehat{Y}$
外圆柱表面 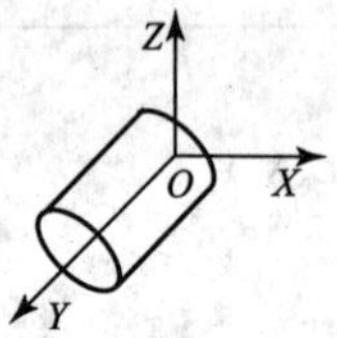	支承钉或支承板	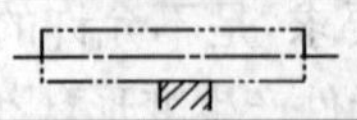	支承钉或短支承板	$\vec{Z}$
外圆柱表面	支承钉或支承板	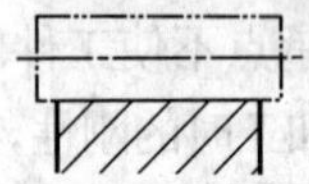	两个支承钉或长支承板	$\vec{Z}$、$\widehat{Y}$
外圆柱表面	V形架	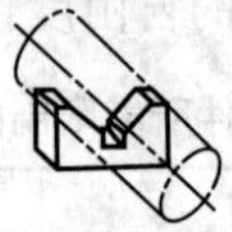	窄V形架	$\vec{Y}$、$\vec{Z}$
外圆柱表面	V形架	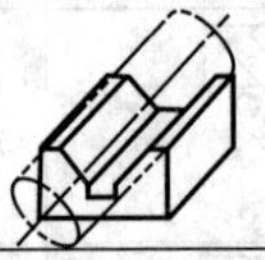	宽V形架或两个窄V形架	$\vec{Y}$、$\vec{Z}$、$\widehat{Y}$、$\widehat{Z}$
外圆柱表面	V形架	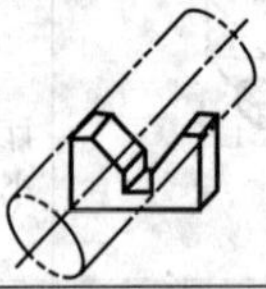	垂直运动的窄V形架	$\vec{Y}$、$\vec{X}$、$\widehat{X}$、$\widehat{Y}$
外圆柱表面	定位套	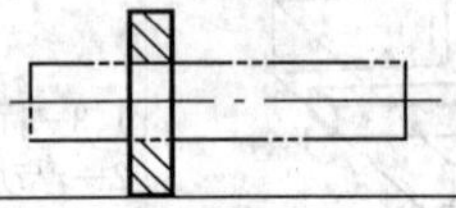	短套	$\vec{Y}$、$\vec{Z}$
外圆柱表面	定位套	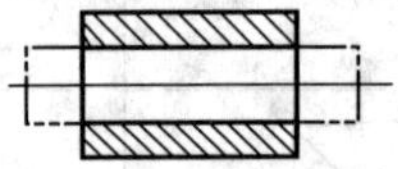	长套	$\vec{Y}$、$\vec{Z}$、$\widehat{Y}$、$\widehat{Z}$
外圆柱表面	半圆套	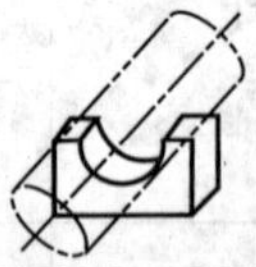	短半圆套	$\vec{Y}$、$\vec{Z}$
外圆柱表面	锥套	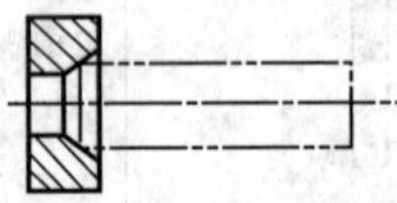	单锥套	$\vec{X}$、$\vec{Y}$、$\vec{Z}$
外圆柱表面	锥套	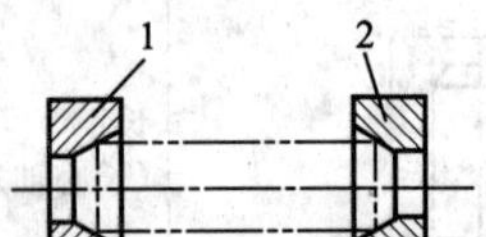	1—固定锥套 2—活动锥套	$\vec{X}$、$\vec{Y}$、$\vec{Z}$、$\widehat{Y}$、$\widehat{Z}$

2.2.2　典型定位方式及其定位元件

1. 工件以平面定位

工件以平面作为定位基准，是最常见的定位方式之一。例如箱体、床身、机座、支架等零件的加工中，较多地采用了平面定位。工件以平面作为定位基准时，有如下的常用定位元件：

(1)主要支承。主要支承用来限制工件的自由度，起定位作用。主要包括固定支承、可调支承和自位支承。

①固定支承。是指支承的高矮尺寸是固定的，使用时不能调整高度。固定支承有支承钉和支承板两种形式，如图 2-10 所示。

图 2-10(a)所示为三种常用支承钉。当工件以精基准定位时，可采用平顶支承钉(A 型)或支承板；当工件以粗基准定位时，采用圆顶支承钉(B 型)；网纹顶支承钉(C 型)用于工件的侧面定位，它能增加摩擦阻力，防止工件滑动。

支承板有较大的接触面积，工件定位稳固。一般较大的精基准平面定位多用支承板作为定位元件。图 2-10(b)所示的 A 型支承板的结构简单，制造方便，但孔边切屑不易清除干净，故适合于侧面和顶面定位；B 型支承板便于清除切屑，适用于底面定位。

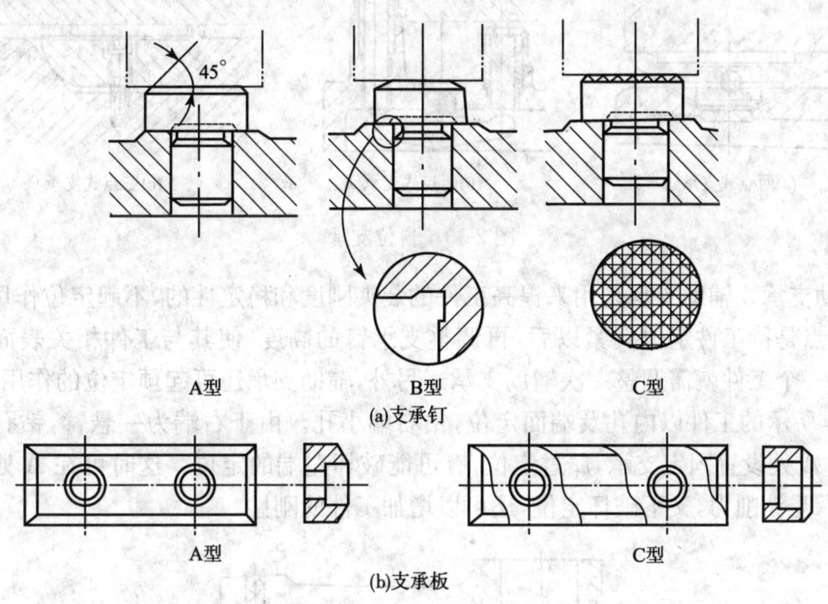

图 2-10　支承钉和支承板

为保证各固定支承的定位表面严格共面，装配后，需将其工作表面整体磨平。支承钉与夹具体孔的配合采用 H7/r6 或 H7/n6；当支承钉需要经常更换时，应加衬套，如图 2-11 所示。衬套外径与夹具体孔的配合一般用 H7/n6 或 H7/r6，衬套内径与支承钉的配合选用 H7/js6。

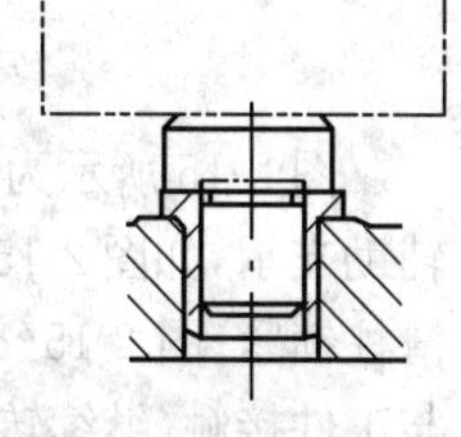

图 2-11　衬套的应用

②可调支承。可调支承是指支承钉的高度可以进行调节，其常见结构如图 2-12 所示。调整时要先松后调，调好后用防松螺母锁紧。可调支承主要用于工件以粗基准面定位、或定位基面的形状复杂(如成型面、台阶面等)，以及各批毛坯的尺寸、形状变化较大时的情况。可调支

承在一批工件加工前调整一次；在同一批工件加工过程中，其作用相当于固定支承。

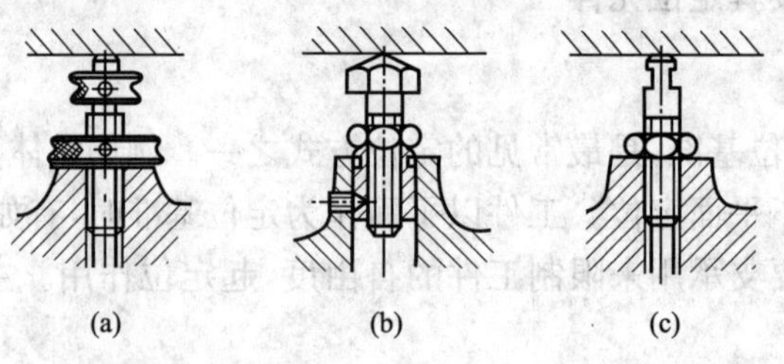

图 2-12　可调支承

③自位支承（浮动支承）。在工件定位过程中，能自动调整位置的支承称为自位支承。图 2-13所示为夹具中常见的几种自位支承，其中图 2-13(a)、(b)所示为两点式自位支承，图 2-13(c)所示为三点式自位支承。这类支承的工作特点是支承点的位置能随着工件定位基面的不同而自动调节，定位基面压下其中一点，其余几点便上升，直至各点都与工件接触。接触点数的增加，提高了工件的装夹刚度和稳定性，但其作用仍相当于一个固定支承，只限制工件一个自由度。

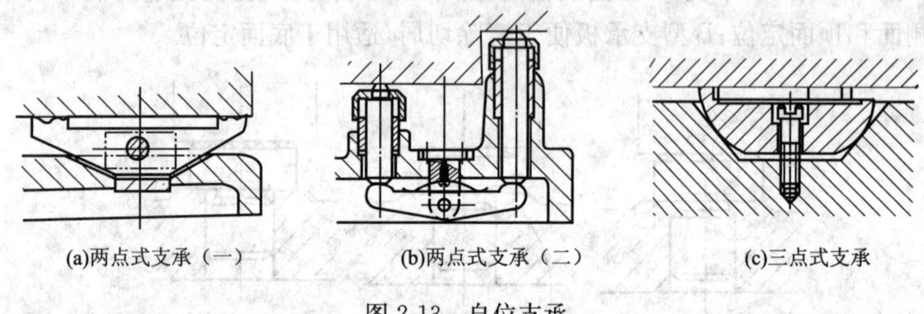

图 2-13　自位支承

(2)辅助支承。辅助支承是用来提高工件的装夹刚度和稳定性的，不起定位作用。辅助支承的工作特点是待工件定位夹紧以后，再调整支承钉的高度，使其与工件相关表面接触并锁紧。每安装一个工件就需调整一次辅助支承。另外，辅助支承还可起预定位的作用。

图 2-14 所示的工件以内孔及端面定位，钻右端小孔。由于右端为一悬臂，钻孔时工件刚性差。若在 A 处设置固定支承，属过定位，有可能破坏左端的定位。这时可在 A 处设置一辅助支承，既承受钻削力，又不破坏定位，还可以增加工件的刚性。

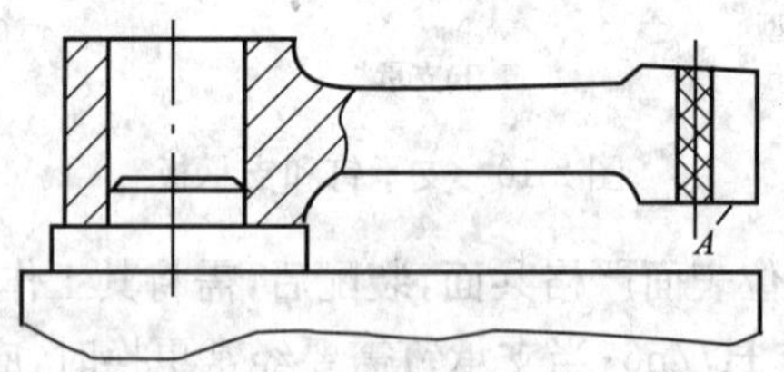

图 2-14　辅助支承的应用

图 2-15 所示为夹具中常见的三种辅助支承：螺旋式辅助支承，如图 2-15(a)所示；自位式辅助支承，如图 2-15(b)所示，其中滑柱 1 在弹簧 2 的作用下与工件接触，转动手柄使顶柱 3 将滑柱锁紧；图 2-15(c)所示为推引式辅助支承，工件夹紧后转动手轮 4 使斜楔 6 左移将滑销 5 与工件接触，继续转动手轮可使斜楔 6 的开槽部分涨开而锁紧。

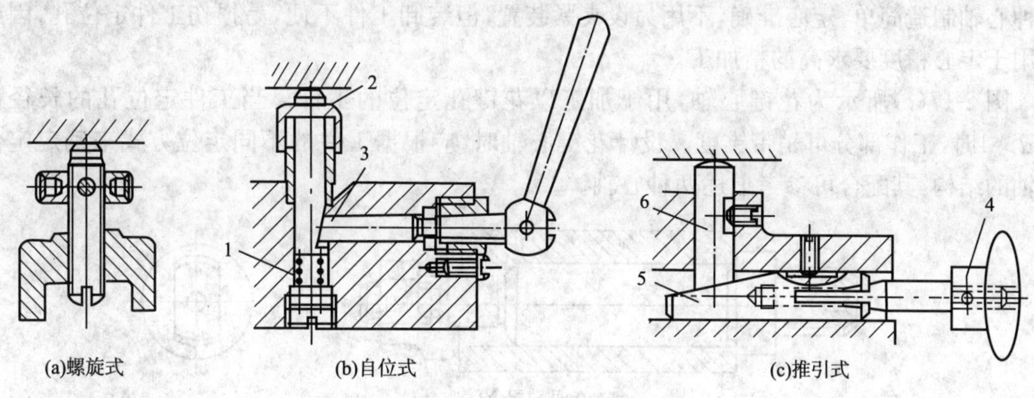

图 2-15 三种辅助支承

1—弹簧；2—滑柱；3—顶柱；4—手轮；5—斜楔；6—滑销

2. 工件以圆柱内表面定位

(1)圆柱销(定位销)。图 2-16 所示为常用定位销的结构。当工件孔径较小($D=3\sim10$ mm)时，为增加定位销刚度，避免销子因受撞击而折断，或热处理时淬裂，通常把根部倒成圆角。这时夹具体上应有沉孔，使定位销的圆角部分沉入孔内而不会妨碍定位。大批量生产时，为便于定位销的更换，可采用图 2-16(d)所示的带衬套的结构形式。为便于工件顺利装入，定位销的头部应有 15°倒角。

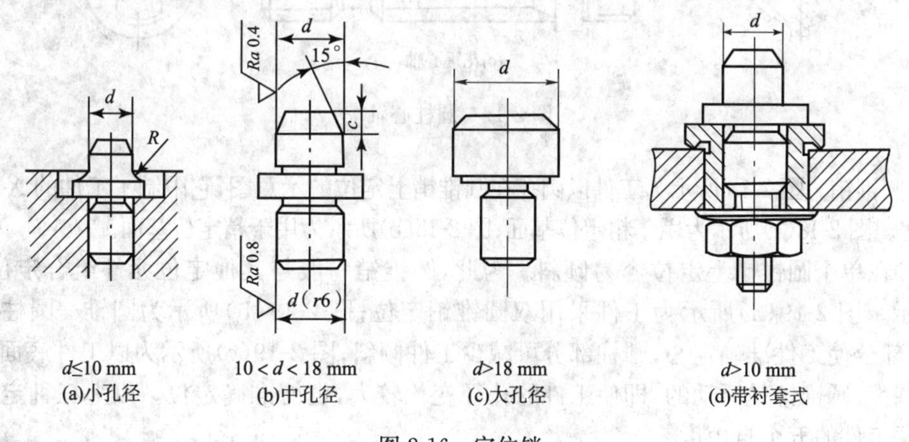

图 2-16 定位销

定位销工作部分的精度可取 g5、g6、f6、f7；定位销与夹具体的配合可用 H7/r6、H7/n6；衬套与夹具体选用过渡配合 H7/n6，其内径与定位销为间隙配合 H7/h6、H7/h5。

(2)圆柱心轴。图 2-17 所示为常用圆柱心轴的结构形式。

图 2-17(a)所示为间隙配合心轴。其定位部分直径按 h6、s6 或 f7 制造，装卸工件方便，但定心精度不高。为了减少因配合间隙而造成的工件倾斜，工件常以孔和端面联合定位，因而要求工件定位孔与定位端面有较高的垂直度，最好能在一次装夹中加工出来。

使用开口垫圈可实现快速装卸工件，开口垫圈的两端面应互相平行。当工件内孔与端面垂直度误差较大时，应采用球面垫圈。

图 2-17(b)所示为过盈配合心轴，由导向部分 1，工作部分 2 及传动部分 3 组成。导向部分的作用是使工件迅速而准确地套入心轴，心轴两边的凹槽是供车削工件端面时退刀用的。

这种心轴制造简单，定心准确，不用另设夹紧装置，但装卸工件不便，易损伤工件定位孔，因此多用于定心精度要求高的精加工。

图 2-17(c)所示为花键心轴，用于加工以花键孔定位的工件。当工件定位孔的长径比 $L/d>1$时，工作部分可稍带锥度。设计花键心轴时，应根据工件的不同定位方式来确定定位心轴的结构，其配合可参考上述两种心轴。

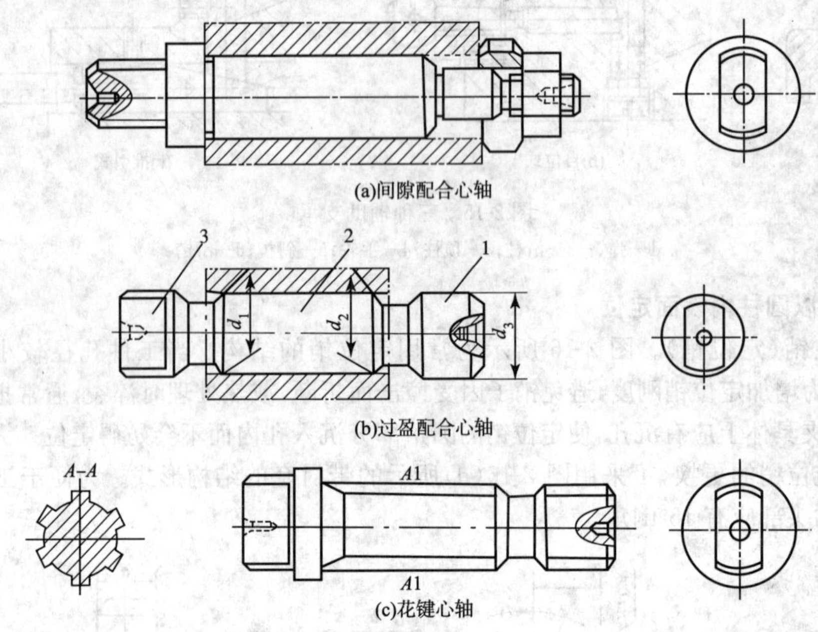

图 2-17　圆柱心轴

(3)圆锥销。图 2-18 所示为工件以圆孔在圆锥销上定位的示意图，它限制了工件的 $\vec{X}$、$\vec{Y}$、$\vec{Z}$ 三个自由度。图 2-18(a)所示为用于粗定位基面；图 2-18(b)所示为用于精定位基面。

工件在单个圆锥销上定位容易倾斜。为此，圆锥销一般与其他定位元件组合定位，如图 2-19 所示。图 2-19(a)所示为工件采用双圆锥销定位；图 2-19(b)所示为圆锥—圆柱组合心轴，锥度部分使工件准确定心，圆柱部分可减少工件倾斜；图 2-19(c)所示为以工件底面作为主要定位基面，圆锥销是活动的，即使工件的孔径变化较大，也能准确定位。以上三种定位方式均限制了工件的五个自由度。

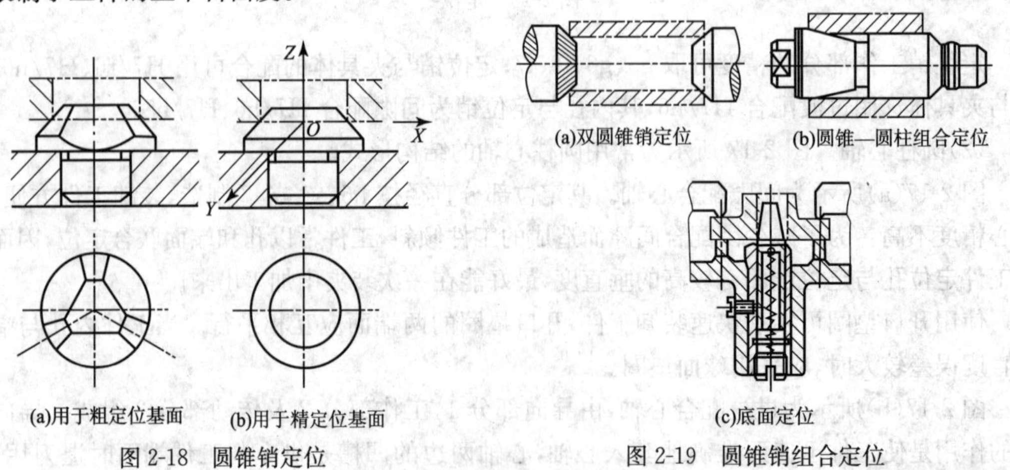

图 2-18　圆锥销定位　　　　图 2-19　圆锥销组合定位

(4)圆锥心轴(小锥度心轴)。图 2-20 所示为工件在小锥度心轴上定位,并靠工件定位圆孔与心轴的弹性变形夹紧工件,这种定位方式的定心精度较高,不需要另设夹紧装置,但工件的轴向位移误差较大,传递的扭矩较小,加工端面较为困难,适用于工件定位孔精度不低于 IT7 的精车和磨削加工。

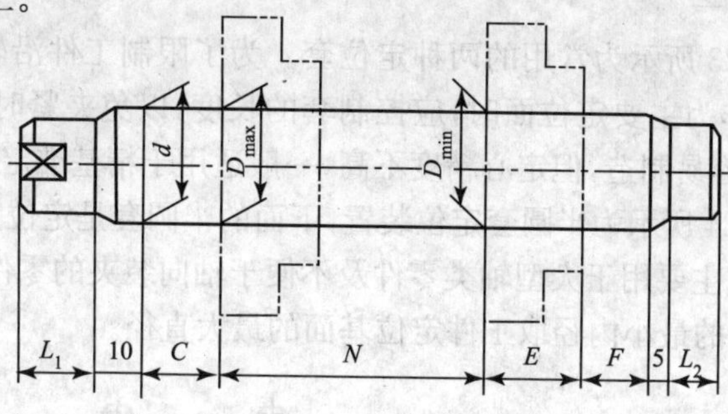

图 2-20　小锥度心轴

3. 工件以外圆柱面定位

工件以外圆柱面定位时,常用以下定位元件:

(1)V 形架。图 2-21 所示为常用 V 形架的结构。其中图 2-21(a)所示为用于较短的精定位基面;图 2-21(b)所示为用于粗定位基面和阶梯定位面;图 2-21(c)所示为用于较长的精定位基面和相距较远的两个定位面。V 形架不一定采用整体结构的钢件,可在铸铁底座上镶淬硬垫板,如图 2-21(d)所示。

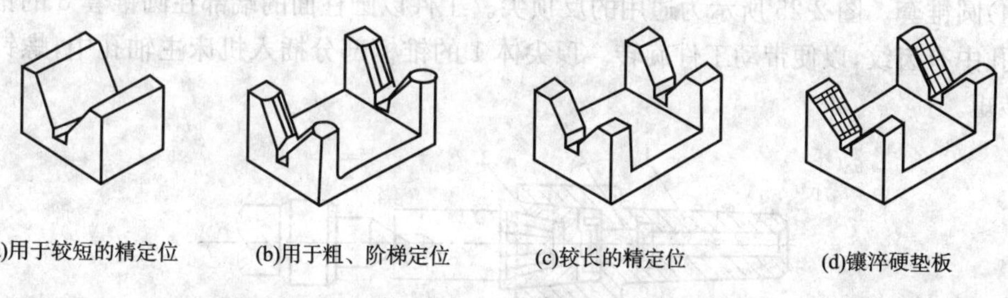

(a)用于较短的精定位　(b)用于粗、阶梯定位　(c)较长的精定位　(d)镶淬硬垫板

图 2-21　V 形架结构

V 形架有固定式和活动式之分。固定式 V 形架在夹具体上的装配,一般采用两个定位销和 2～4 个螺钉连接,主要起定位、支承作用。活动式 V 形架的应用如图 2-22 所示。其中图 2-22(a)所示为加工轴承座孔时的定位方式,活动 V 形架除限制工件一个移动自由度外,还兼有夹紧作用;图 2-22(b)所示为加工连杆孔的定位方式,活动 V 形架限制工件一个转动自由度,并兼有夹紧作用。

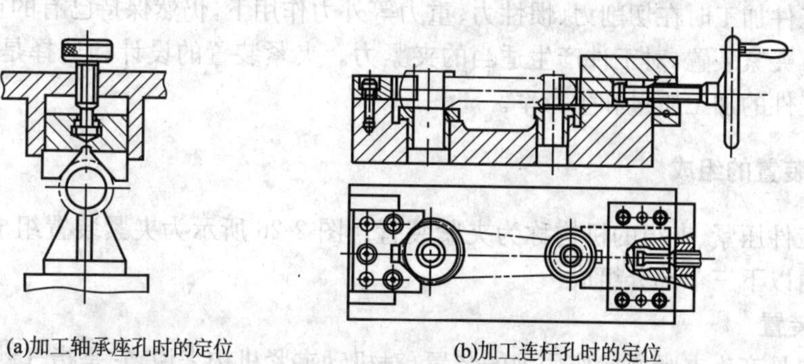

(a)加工轴承座孔时的定位　(b)加工连杆孔时的定位

图 2-22　活动 V 形架的应用

V形架定位的最大优点就是对中性好，它可使一批工件的定位基准轴线对中在V形架两斜面的对称平面上，而不受定位基面直径误差的影响。V形架定位的另一个特点是无论定位基面是否经过加工，是完整的圆柱面还是局部圆弧面，都可采用V形架定位。因此，V形架是应用较多的定位元件之一。

(2)定位套。图2-23所示为常用的两种定位套。为了限制工件沿轴向的自由度，常与端面联合定位。用端面作为主要定位面时，应控制套的长度，以免夹紧时工件产生不允许的变形。定位套结构简单，容易制造，但定心精度不高，一般适用于精基准定位。

(3)半圆套。图2-24所示为半圆套定位装置，下面的半圆套是定位元件，上面半圆套起夹紧作用。这种定位方式主要用于大型轴类零件及不便于轴向装夹的零件。定位基面的精度不低于IT8～IT9，半圆套的最小内径取工件定位基面的最大直径。

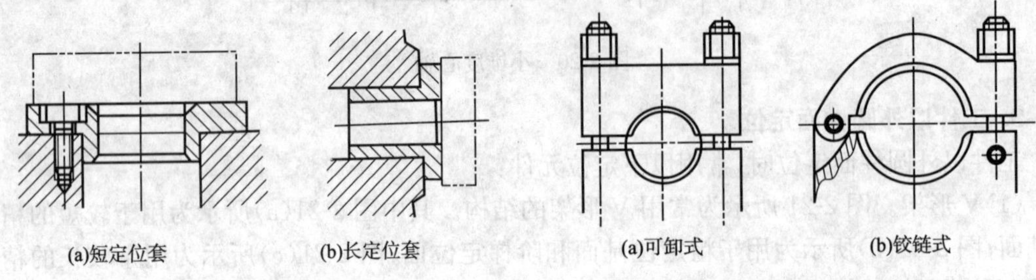

图2-23 定位套　　图2-24 半圆套定位装置

(4)圆锥套。图2-25所示为通用的反顶尖。工件以圆柱面的端部在圆锥套3的锥孔中定位，锥孔中有齿纹，以便带动工件旋转。顶尖体1的锥柄部分插入机床主轴孔中，螺钉2用来传递转矩。

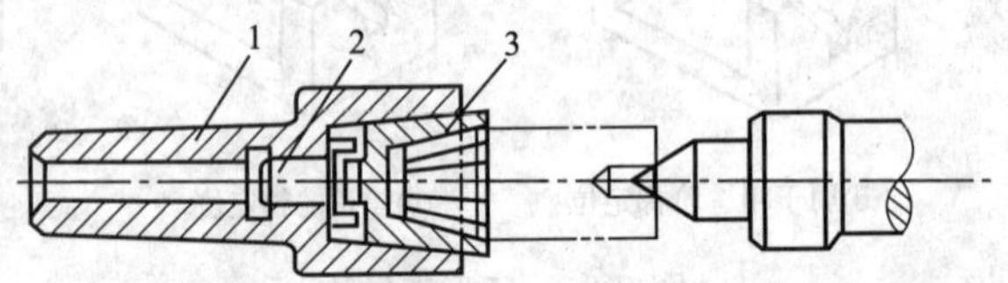

图2-25 工件在圆锥套中定位

2.3 工件的夹紧

为了使工件加工时在切削力、惯性力、重力等外力作用下，仍然保持已有的正确位置，在夹具上还须设有夹紧装置，对工件产生适当的夹紧力。夹紧装置的设计和选择是否正确、合理，将直接影响工件的加工质量和生产率。

2.3.1 夹紧装置的组成

用来将工件压紧、夹牢的机构称为夹紧装置。图2-26所示为夹紧装置组成的示意图，夹紧装置一般由以下三个部分组成：

1. 力源装置

力源装置是产生夹紧原始作用力的装置，对机动夹紧机构来说，它是指气动、液压、电力等动力装置。

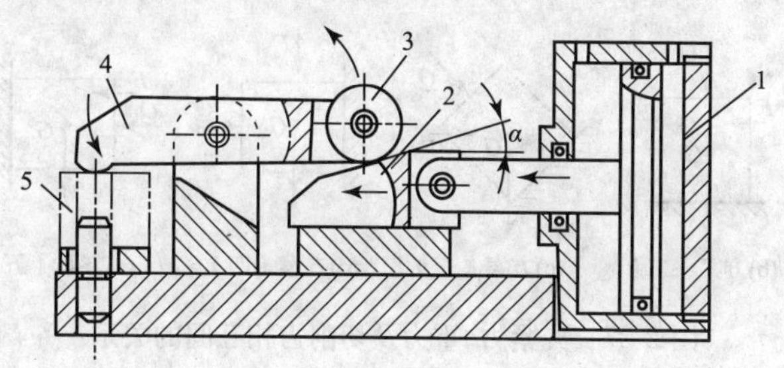

图 2-26 夹紧装置的组成

1—气缸;2—斜楔;3—滚轮;4—压板;5—工件

2. 中间传动机构

中间传动机构是把力源装置产生的力传递给夹紧元件的中间机构。中间机构有如下作用:

(1)改变作用力的方向。图 2-26 所示的气缸作用力的方向经铰链杠杆机构变为垂直方向的夹紧力。

(2)改变作用力的大小。为了把工件牢固地夹住,有时往往需要有较大的夹紧力,这时可利用中间传动机构(如斜楔、杠杆等)将原始力增大,以满足夹紧工件的需要。

(3)自锁作用。在力源消失以后,工件仍能得到可靠的夹紧。这一点对于手动夹紧特别重要。

3. 夹紧元件

夹紧元件是夹紧装置的最终执行元件,它与工件直接接触,把工件夹紧。

2.3.2 夹紧力的确定

夹紧力包括:力的大小、方向和作用点,这三要素是夹紧装置设计和选择的核心问题。

1. 夹紧力的方向

夹紧力的方向与工件的装夹方式、工件受外力的方向以及工件的刚性等有关,通常应从如下三个方面考虑:

(1)夹紧力应垂直于主要定位基准面。当工件用几个表面作为定位基准时,若工件是大型的,则为了保持工件的正确位置,朝向各定位元件都要有夹紧力;若工件尺寸较小,切削力不大,则往往只需垂直朝向主要定位面有夹紧力,保证主要定位面与定位元件有较大的接触面积,就可以使工件装夹稳定可靠。

(2)夹紧力的方向最好与切削力、工件重力方向一致,既可减小夹紧力,又可简化夹紧装置的结构。图 2-27 所示为夹紧力 Q、重力 G、切削力 F 三者之间的方向组合关系。工件重力 G 的方向始终向下,因此,从选择装夹工件方便这一点出发,以图 2-27(a)、(b)所示的为最好;图 2-27(c)、(d)、(e)所示的情况较差;图 2-27(f)所示的情况最差,不便装夹工件。若从减小夹紧力出发,假定各图中 G 和 F 大小相同,则所需要的 Q 力以图 2-27(a)所示方案最小,图 2-27(b)所示方案次之,图 2-27(f)所示方案最大。由此可见,当 Q、F、G 方向相同时,图 2-27(a)所示方案所需的夹紧力最小,此时施加夹紧力的目的是为了防止工件在加工中的振动。

2. 夹紧力的作用点

夹紧力作用点是指夹紧元件与工件接触的位置。当夹紧力方向确定后,夹紧力的作用点的位置和数目的选择将直接影响工件定位后的可靠性和夹紧后的变形。对作用点位置的选择和数目的确定应注意以下几个方面:

(a)方案（一） (b)方案（二） (c)方案（三） (d)方案（四） (e)方案（五） (f)方案（六）

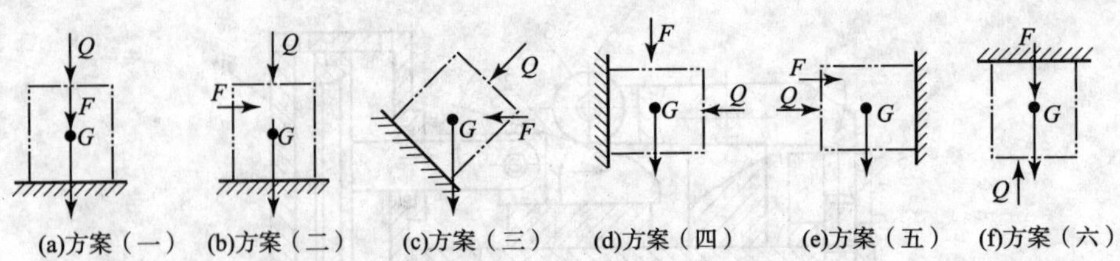

图 2-27 夹紧力、重力及切削力相互间的关系

(1)力的作用点应能保持工件的正确定位而不发生位移或偏转。为此，夹紧力作用点必须处于定位元件的垂直上方，或处于由定位元件构成的稳定受力区内。图 2-28(a)所示的作用点不正确，夹紧时力矩将会使工件产生转动；图 2-28(b)所示的作用点是正确的。

(a)不正确 (b)正确

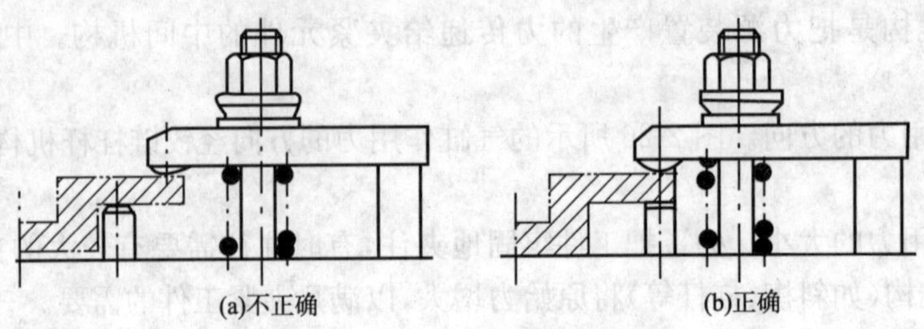

图 2-28 夹紧力作用点的布置

(2)夹紧力的作用点应位于工件刚性最好的部位上，而且作用点应有足够的数目，这样可使工件的变形量降低到最小。图 2-29(a)所示的薄壁套的轴向刚性比径向好，用卡爪径向夹紧工件，因刚性不足易引起工件变形，若改为图 2-29(b)所示的用特制螺母通过轴向力夹紧工件，则工件不易变形。在夹紧图 2-30(a)所示的薄壁箱体时，夹紧力应作用在刚性较好的凸边上；若箱体没有凸边，可按图 2-30(b)所示的样式，将单点夹紧改为多点夹紧，从而改变着力点的位置，降低着力点的压强，减少工件的夹紧变形。

(a)径向力夹紧 (b)轴向力夹紧

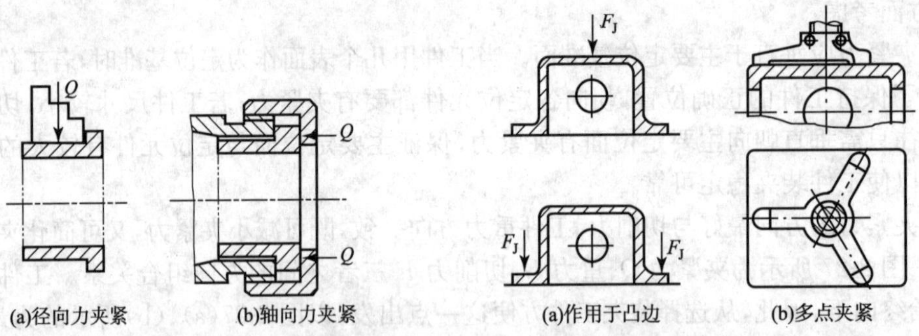

图 2-29 夹紧力作用点与夹紧变形的关系

(a)作用于凸边 (b)多点夹紧

图 2-30 夹紧力作用点的布置

(3)夹紧力的作用点应尽量靠近工件待加工表面，这样可使切削力对该作用点的力矩减小，工件的振动也可以减小。当工件由于结构形状使待加工面远离夹紧作用点时，可以增加辅助支承并附加夹紧力以防止工件在加工中产生位置变动、变形或振动。图 2-31 所示为由于主要夹紧力的作用点距加工面较远，所以在靠近待加工表面的地方设置了辅助支承，增加了夹紧力 F_2，提高了工件的装夹刚性，减少了加工时的工件振动。

3. 夹紧力的大小

为了使工件在加工过程中始终保持定位后的正确位置，对工件所施加的夹紧力不仅与其方向和作用点的位置、数目有关，更重要的是与其大小有关。夹紧力过大，没有必要，而且会使夹紧装置结构尺寸加大；夹紧力过小，则可能夹不紧工件，加工时易破坏定位，无法保证工件的加工精度要求，甚至还会引起安全事故。由此可见，必须对工件施加大小适当的夹紧力。

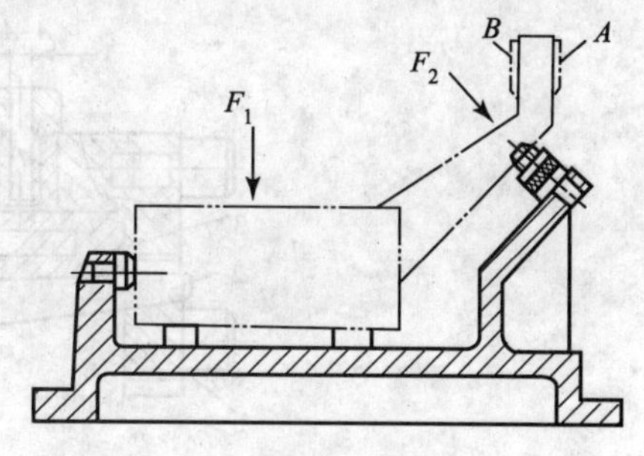

图 2-31 夹紧力作用点的布置

切削力是确定夹紧力的依据，可根据切削原理中的计算公式，按最不利的加工条件求出切削力 F，然后按工件受力的平衡条件求出所需要的夹紧力 Q，为安全可靠起见，还须考虑一个安全系数 K，因此实际的夹紧力应为

$$Q'=KQ \tag{2-1}$$

式中 取 K 为 1.5～3：粗加工时取 2.5～3；精加工时取 1.5～2。

但实际生产中一般很少通过计算求得夹紧力，因为在加工中影响切削力的因素比较复杂，例如刀具的磨损、工件材料性质和余量的均匀程度等，而且切削力的计算公式是在一定的条件下求得的，使用时虽然可以根据实际的加工情况给予修正，但是仍然很难计算准确。因此在实际工作中，多是采用类比的方法来估计夹紧力的大小。

对于关键性的重要夹具，则往往通过实验的方法来测定所需夹紧力的大小。

2.3.3 基本夹紧机构

夹紧机构的种类虽然很多，但其结构大都以斜楔夹紧机构、螺旋夹紧机构和偏心夹紧机构为基础，这三种夹紧机构合称为基本夹紧机构。

1. 斜楔夹紧机构

采用斜楔作为传力元件或夹紧元件的夹紧机构称为斜楔夹紧机构。图 2-32 所示为几种常用斜楔夹紧机构夹紧工件的实例。

图 2-32(a)所示为用斜楔直接夹紧工件，工件装入后，锤击斜楔大头，夹紧工件；加工完毕后，锤击斜楔小头，松开工件。由于用斜楔直接夹紧工件的夹紧力较小，且操作费时，所以实际生产中应用不多，多数情况下是将斜楔与其他机构联合起来使用。

图 2-32(b)所示为将斜楔与滑柱合成为一种夹紧机构，既可以手动，也可以气压驱动。

图 2-32(c)所示为由端面斜楔与压板组合而成的夹紧机构。

斜楔夹紧机构具有以下特点：

(1)斜楔夹紧机构的自锁性与斜楔夹角 α 有关。当 $11°\leqslant\alpha\leqslant17°$ 时，斜楔夹紧机构具有自锁能力，为保证自锁可靠，通常取 $\alpha=6°\sim8°$。机动夹紧时，不依靠夹紧机构自锁，α 可取大些。

(2)斜楔具有增力作用。对它施加较小的外力 Q，就可以获得比 Q 大几倍的夹紧力 W；在外力 Q 一定的条件下，斜楔夹角 α 越小，增力作用越大。

(3)斜楔的夹紧行程很小，且受斜楔夹角 α 大小的影响，增大 α 可以加大夹紧行程，但自锁性能下降。

(4)斜楔适用范围。斜楔夹紧机构主要用在机动夹紧装置中，而且对工件毛坯质量要求较高。为了提高夹紧行程，放宽工件在夹紧方向上的尺寸精度要求，可采取双升角的楔角。图 2-32(b)所示的是前端大升角 α_1 用于加大夹紧行程，后端小升角 α_2 则用于夹紧与自锁。采用

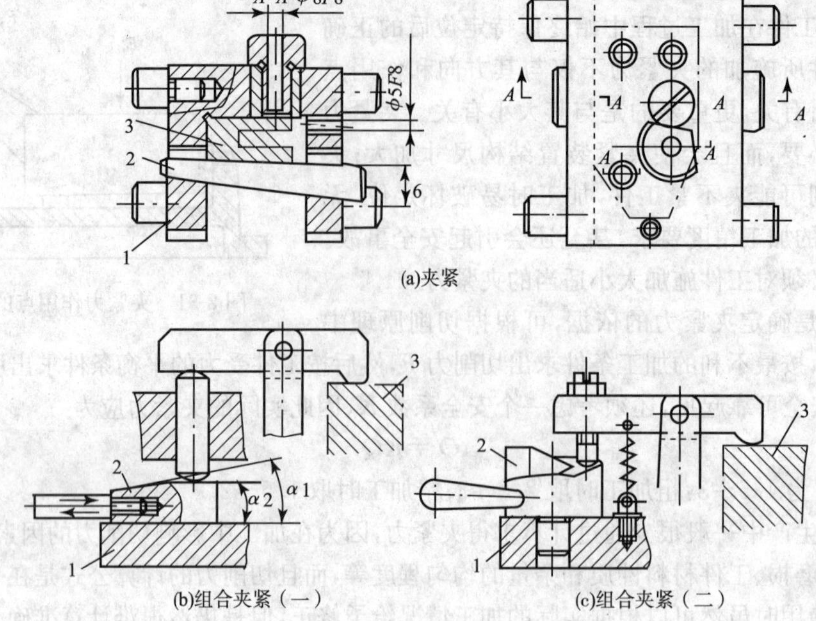

图 2-32 斜楔夹紧机构

1—夹具体；2—斜楔；3—工件

双升角斜楔可放宽工件在夹紧方向上的尺寸精度要求。

2. 螺旋夹紧机构

采用微调螺杆作为中间传力元件的夹紧机构称为螺旋夹紧机构。螺旋夹紧机构结构简单、制造容易，自锁性能好，夹紧力和夹紧行程较大，多用于手动夹具。它主要有以下两种典型结构：

(1)单个螺旋夹紧机构。直接用螺钉或螺母夹紧工件的机构，称为单个螺旋夹紧机构。图 2-33(a)所示为夹具夹紧时螺钉头直接与工件表面接触，螺钉转动时，可能损伤工件表面，或带动工件旋转；为此在螺钉头部装上图 2-33(b)所示的摆动压块，当摆动压块与工件接触后，由于压块与工件间的摩擦力矩大于压块与螺钉间的摩擦力矩，压块不会随螺钉一起转动；图 2-33(c)所示为微调螺杆和螺旋压板组合夹紧机构的一种。

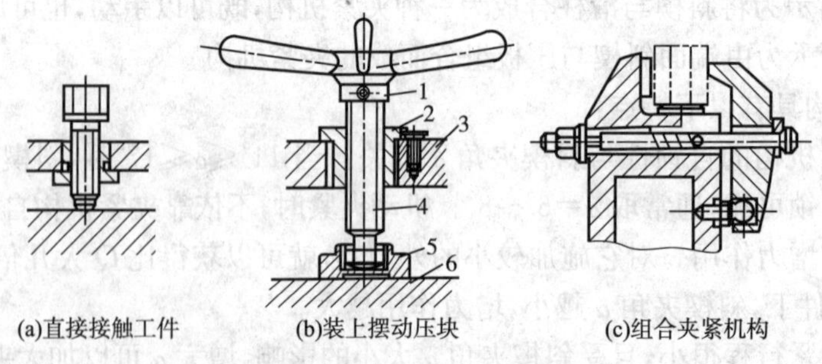

图 2-33 单个螺旋夹紧机构

为了克服单个螺旋夹紧机构夹紧动作慢、工件装卸费时费力的缺点，可以使用各种快速夹紧机构。图 2-34(a)所示为采用了开口垫圈；图 2-34(b)所示的是采用了快卸螺母结构；图2-34(c)所示的是采用了铰链钩形压板。

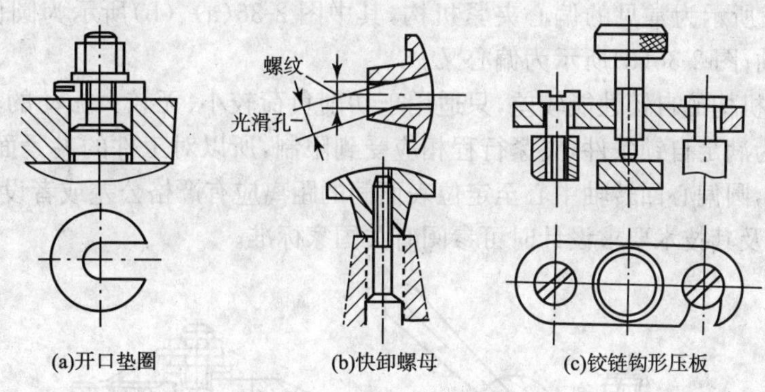

图 2-34　快速螺旋夹紧机构

(2)螺旋压板夹紧机构。螺旋压板夹紧机构是一种应用广泛的夹紧机构,其结构形式多变,图 2-35 所示的为常用螺旋压板机构的五种典型结构。图 2-35(a)所示为夹紧力 F_J 小于作用力 F_Q,主要用于夹紧行程较大的场合;图 2-35(b)所示为可通过调整压板的杠杆比 l/L,实现增大夹紧力和夹紧行程的目的;图 2-35(c)所示为是铰链压板机构,主要用于增大夹紧力场合;图 2-35(d)所示的是螺旋钩形压板机构,其特点是结构紧凑,使用方便,主要用于安装夹紧机构的位置受限的场合;图 2-35(e)所示为自调式压板,它能适应工件高度由 0～100 mm 范围内变化,而无需进行调节,其结构简单、使用方便。

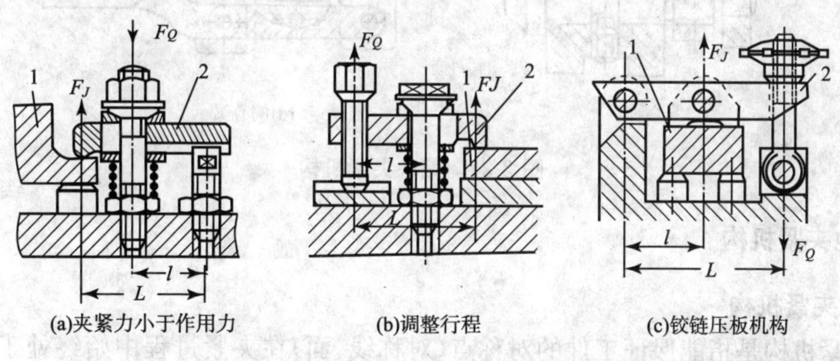

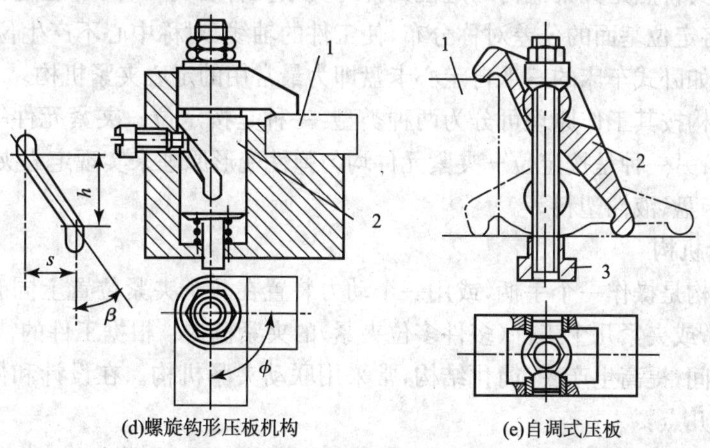

图 2-35　典型的螺旋压板夹紧机构

3. 偏心夹紧机构

利用偏心件直接或间接夹紧工件的机构称为偏心夹紧机构。常用的偏心件是圆偏心轮和偏心轴。图 2-36 所示为常见的偏心夹紧机构，其中图 2-36(a)、(b)所示为圆偏心轮；图 2-36(c)所示为偏心轴；图 2-36(d)所示为偏心叉。

圆偏心夹紧机构的自锁性能较差，只适用于切削负荷较小、无较大振动的场合；又因结构尺寸不能太大，为满足自锁条件，夹紧行程相应受到限制，所以对工件的夹紧面相应尺寸公差要求严格。另外，圆偏心回转轴中心至定位表面间的距离应有严格公差或者设计成可调结构。圆偏心结构尺寸及其技术要求设计时可参阅有关国家标准。

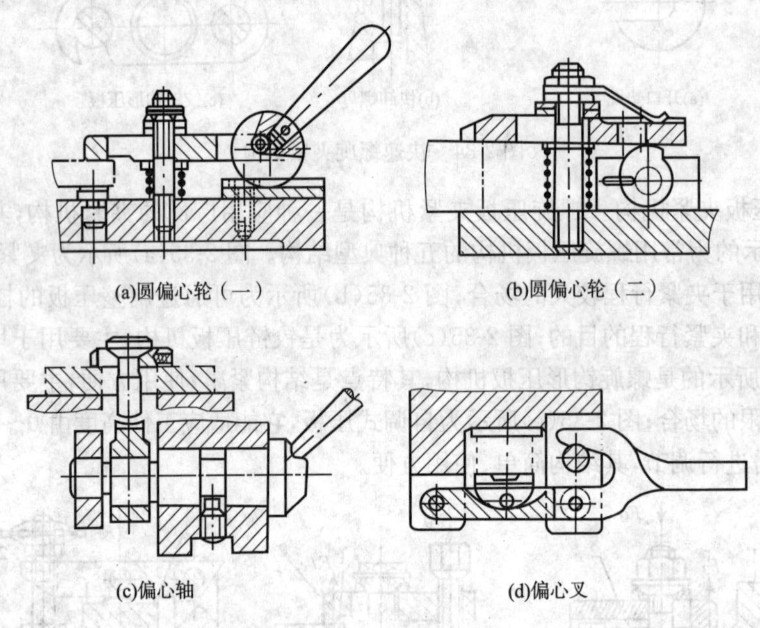

图 2-36 偏心夹紧机构

2.3.4 其他夹紧机构

1. 定心夹紧机构

定心夹紧机构是指能保证工件的对称点(对称线、面)在夹紧过程中始终处于固定准确位置的夹紧机构。其特点是夹紧机构的定位元件与夹紧元件合为一体，并且定位和夹紧动作是同时进行的，能将定位基面的公差对称分布，使工件的轴线、对称中心不产生位移，从而实现定心夹紧作用。例如卧式车床的三爪自定心卡盘即为最常用的定心夹紧机构。

定心夹紧机构按其工作原理可分为两种类型：一种是按定位—夹紧元件等速移动原理来实现定心夹紧的；另一种是按定位—夹紧元件均匀弹性变形原理来实现定心夹紧的机构，例如弹簧夹筒、膜片卡盘、液性塑料等。

2. 联动夹紧机构

联动夹紧机构是操作一个手柄，或用一个动力装置在几个夹紧位置上同时夹紧一个工件(单件多位夹紧)，或夹紧几个工件(多件多位夹紧)的夹紧机构。根据工件的特点和要求，为了减少工件装夹时间，提高生产率，简化结构，常采用联动夹紧机构。在设计和使用联动夹紧机构时应注意以下几点：

(1)必须设置浮动环节，以补偿同批工件尺寸偏差的变化，保证同时且均匀地夹紧工件。

(2)联动夹紧一般要求有较大的总夹紧力，故机构要有足够刚度，防止夹紧变形。

(3)工件的定位和夹紧联动时，应保证夹紧时不破坏工件在定位时所取得的位置。

2.4　数控加工常用夹具

2.4.1　对数控机床夹具的基本要求

数控机床加工本身具有高精度、高效率、产品转换容易、生产技术准备周期短、机床的自适应性强、自动化程度高等特点。数控机床比较适合于外形轮廓较复杂、不易装夹的工件以及多品种、多工序、小批量工件的加工。为适应数控加工的需要，对数控机床夹具一般有如下基本要求：

1. 高精度

数控机床本身的精度很高，一般用于高精度加工。对数控机床夹具也应提出较高的定位安装精度要求和较高的转位、对定精度要求。

2. 快速装夹工件

为适应高效、自动化加工的需要，夹具结构应适应快速装夹的需要，以减少工件装夹辅助时间，提高机床切削运转利用率。

为适应快速装夹的需要，夹具常采用液动、气动等快速反应夹紧动力。对于切削时间较长的重要夹紧，在夹具液压夹紧系统中应附加储能器，以补偿内泄漏，防止可能造成的松夹现象。若对夹紧的自锁性要求较严格，则夹具的夹紧装置多采用快速螺旋夹紧机构。

为减少停机装夹时间，夹具可设置预装工位，也可利用机床的自动换位托盘装置，设置专门的装卸工位。对于柔性制造单元和自动线中的数控机床及加工中心，其夹具结构应为安装自动送料装置提供方便。

3. 夹具应具有良好的敞开性

数控机床加工为刀具自动走刀加工。夹具及工件应为刀具的快速移动和换刀等快速动作提供较宽敞的运行空间。尤其对于多刀、多工序加工，夹具结构更应简单、开敞，使刀具容易进入，以防刀具在运动中与夹具、工件等相碰撞。

4. 夹具本身的机动性要好

数控机床加工是典型的集中工序加工，往往追求一次装夹条件下，尽可能完成所有机加工内容。对于机动性能稍差些的二轴联动数控机床，可以借助夹具的转位、翻转等功能弥补机床性能的不足，保证在一次装夹条件下完成多面加工。所以，要求夹具的机动性能要好。

5. 夹具在机床坐标系中坐标关系明确，数据简单，便于进行编程坐标的转换计算

数控机床均具有固定的机床坐标系，而装夹在夹具上的工件在加工时，应明确其在机床坐标系中的确切位置。为了简化编程计算，通常根据工件在夹具中的装夹位置，明确编程的工件坐标系相对机床坐标系的准确位置。所以，要求数控机床上的夹具定位系统应指定一个明确的零点，表明装夹工件的位置，并据此选择工件坐标系的原点。为使坐标转换计算方便，夹具零点相对机床工作台原点的坐标尺寸关系应简单明了，便于测量、记忆、调整和计算。有时也直接把工件坐标系原点选在夹具零点上。

6. 部分数控机床夹具应为刀具提供明确的对刀点

数控机床加工中，每把刀具进入程序均应有一个明确的起点，称为这一刀具的起刀点（刀具进入程序的起点）。若一个程序中要调用多把刀具对工件进行加工，需要使每把刀具都由同一个起点进入程序。因此在装刀时，应将各把刀的刀位点都安装或校正到同一个空间点上，这个点称为对刀点。

对于镗、铣、钻类数控机床，多在夹具上(或夹具中的工件上)专门指定一个特定点作为对刀点，为各刀具的安装和校正提供统一依据。该点一般应与工件的定位基准，即夹具定位系统保持明确关系，便于确立刀具与工件坐标系的关系，以使不同刀具能精确地由同一点进入同一个程序。

2.4.2 数控加工夹具简介

现代自动化生产中，数控机床的应用已越来越广泛。数控机床夹具必须适应数控机床的高精度、高效率、多方向同时加工、数字程序控制及单件小批生产的特点。为此，对数控机床夹具提出了一系列新的要求：推行标准化、系列化和通用化；发展组合夹具和拼装夹具，降低生产成本；提高精度；提高夹具的高效自动化水平。

根据所使用的机床不同，用于数控机床的通用夹具通常可分为以下几种：

1. 数控车床夹具

数控车床夹具主要有三爪自定心卡盘、四爪单动卡盘、花盘等。

三爪自定心卡盘如图 2-37 所示。其可自动定心，装夹方便，应用较广，但夹紧力较小，不便于夹持外形不规则的工件。

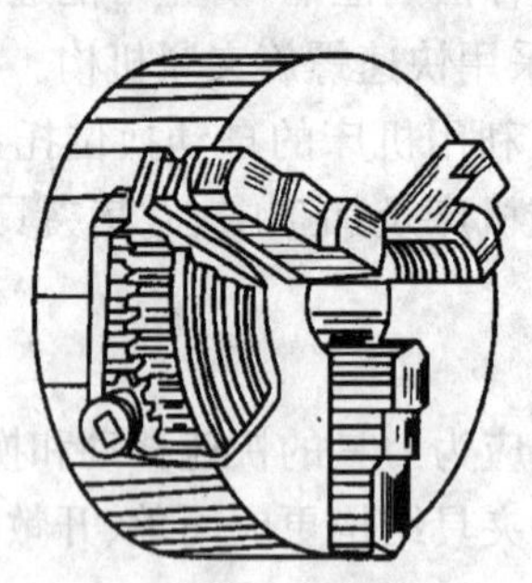

图 2-37 三爪自定心卡盘的构造

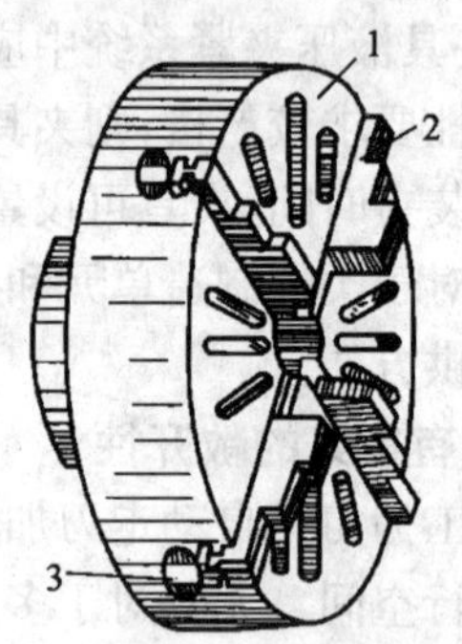

图 2-38 四爪单动卡盘

1—卡盘体；2—卡爪；3—丝杆

四爪单动卡盘如图 2-38 所示。其四个爪都可单独移动，安装工件时需找正，夹紧力大，适用于装夹毛坯及截面形状不规则和不对称的较重、较大的工件。

通常用花盘装夹不对称和形状复杂的工件，装夹工件时需反复校正和平衡。

2. 数控铣床夹具

数控铣床常用夹具是平口钳，先把平口钳固定在工作台上，找正钳口，再将工件装夹在平口钳上，这种方式装夹方便，应用广泛，适于装夹形状规则的小型工件，其样式如图 2-39 所示。

3. 加工中心夹具

数控回转工作台是各类数控铣床和加工中心的理想配套附件，有立式工作台、卧式工作台和立卧两用回转工作台等不同类型产品。立卧回转工作台在使用过程中可分别以立式和水平两种方式安装于主机工作台上。工作台工作时，利用主机的控制系统或

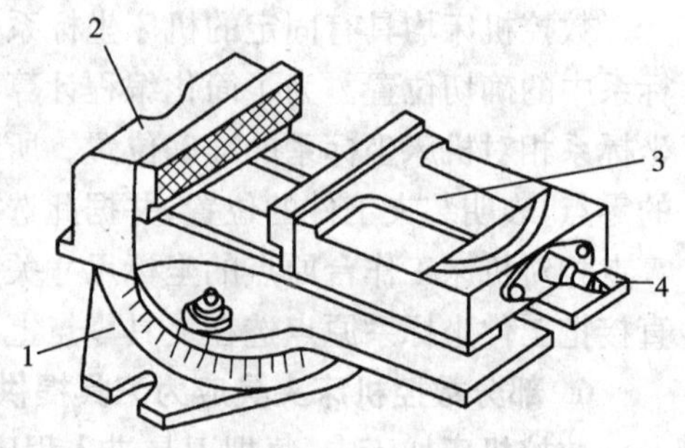

图 2-39 平口钳

1—底座；2—固定钳口；3—活动钳口；4—微调螺杆

专门配套的控制系统，完成与主机相协调的各种必需的分度回转运动。

为了扩大加工范围，提高生产效率，加工中心除了有沿 X、Y、Z 三个坐标轴的直线进给运动之外；往往还带有 A、B、C 三个回转坐标轴的圆周进给运动。数控回转工作台作为机床的一个旋转坐标轴由数控装置控制，并且可以与其他坐标轴联动，使主轴上的刀具能加工到工件除安装面及顶面以外的周边。回转工作台除了用来进行各种圆弧加工或与直线坐标进给轴联动进行曲面加工以外，还可以实现精确的自动分度。因此，回转工作台已成为加工中心一个不可缺少的部件。

2.4.3 组合夹具

组合夹具是一种标准化、系列化、通用化程度很高的工艺装备，我国目前已基本普及。

组合夹具由一套预先制造好的不同形状、不同规格、不同尺寸的标准元件及部件组装而成。图 2-40 所示为被加工盘类零件的工序图，用来钻径向分度孔的组合夹具的立体图及其分解图如图 2-41 所示。

1. 组合夹具的特点

组合夹具一般是为某工件的某一工序组装的专用夹具，可以组装成通用可调夹具或成组夹具。组合夹具适用于各类机床，但以钻模和车床夹具用得最多。

组合夹具将专用夹具的设计、制造、使用、报废的单向过程变为组装、拆散、清洗入库、再组装的循环过程。可用几小时的组装周期代替几个月的设计制造周期，从而缩短了生产周期；节省了工时和材料，降低了生产成本；还可减少夹具库房面积，有利于管理。

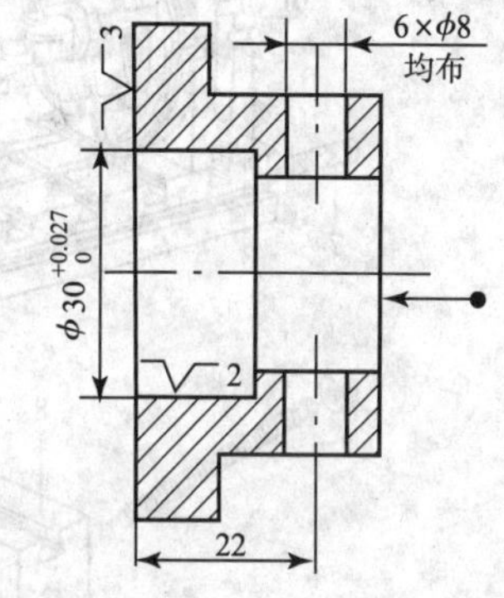

图 2-40 盘类零件钻径向孔工序图

组合夹具的元件精度高，耐磨性好，能实现完全互换，元件精度一般为 IT7～IT6 级。用组合夹具加工的工件，位置精度一般可达 IT9～IT8 级；若精心调整，可以达到 IT7 级。

由于组合夹具有很多优点，又特别适用于新产品试制和多品种小批量生产，所以近年来发展迅速，应用较广。组合夹具的主要缺点是体积较大，刚度较差，一次投资多，成本高，这使组合夹具的推广应用受到一定限制。组合夹具分为槽系和孔系两大类。

2. 组合夹具的组成

(1)基础件。图 2-41 所示的基础件 1 为长方形基础板，此外还有圆形、方形及角铁等基础件。它们常作为组合夹具的夹具体。

(2)支承件。支承件分为 V 形支承、长方支承、加肋角铁和角度支承等。它们是组合夹具中的骨架元件，数量最多，应用最广，既可作各元件间的连接件，又可作大型工件的定位件。图 2-41所示的支承件 2 将钻模板与基础板连成一体，并保证钻模板的高度和位置。

(3)定位件。定位件的形式有平键、T 形键、圆形定位销、菱形定位销、圆形定位盘、定位接头、方形定位支承、六菱定位支承座等定位件，主要用于工件的定位及元件之间的定位。图 2-41所示的定位件 3 为菱形定位盘，用做工件的定位；支承件 2 与基础件 1、钻模板之间的平键、合件(端齿分度盘)8 与基础件 1 之间的 T 形键均用做元件之间的定位。

(4)导向件。用于确定刀具与夹具的相对位置，并起引导刀具的作用，主要有固定钻套、快换钻套、钻模板、左、右偏心钻模板、立式钻模板等导向件。图 2-41 所示的安装在钻模板上的导向件 4 为快换钻套。

(5)夹紧件。可分为弯压板、摇板、U 形压板、叉形压板等夹紧件。它们主要用于压紧工件,也可用做垫板和挡板。图 2-41 所示的夹紧件 5 为 U 形压板。

(6)紧固件。紧固件为各种螺栓、螺钉、垫圈、螺母等标准件,主要用于紧固组合夹具中的各种元件及压紧被加工件。由于紧固件在一定程度上影响整个夹具的刚性,所以螺纹件均采用细牙螺纹,可增加各元件之间的连接强度。同时所选用的材料、制造精度及热处理等要求均高于一般标准紧固件。图 2-41 所示的紧固件 6 为关节螺栓,用来压紧工件,且各元件间均采用槽用方头螺栓、螺钉、螺母、垫圈等紧固件紧固。

(7)其他件。包括三爪支承、支承环、手柄、连接板、平衡块等。它们是指以上六类元件之外的各种辅助元件。图 2-41 所示的四个手柄就属此类元件,用于夹具的搬运。

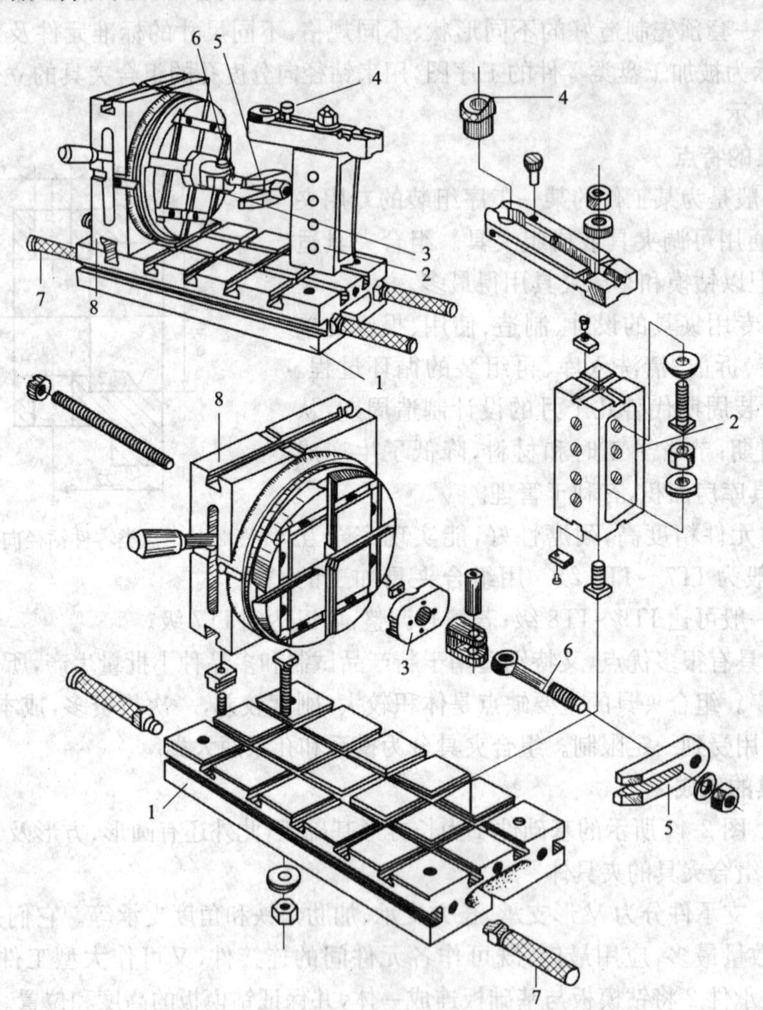

图 2-41 钻盘类零件径向孔的组合夹具

1—基础件;2—支承件;3—定位件;4—导向件;5—夹紧件;6—紧固件;7—其他件;8—合件

(8)合件。由若干零件组合而成,是在组装过程中不拆散使用的独立部件,如尾座、可调 V 形架、折合板、回转支架等。使用合件可以扩大组合夹具的使用范围,加快组装速度,简化组合夹具的结构,减小夹具体积。图 2-41 所示的合件 8 为端齿分度盘。

2.4.4　模块化夹具简介

模块化夹具是在成组工艺基础上，用标准化、系列化的夹具零部件拼装而成的夹具。它有组合夹具的优点，比组合夹具有更好的精度和刚性、更小的体积和更高的效率，因而较适合柔性加工的要求，常用做数控机床夹具。

图 2-42 所示为镗箱体孔的数控机床夹具，需在工件 6 上镗削 A、B、C 三孔。工件在液压基础平台 5 及三个定位销钉 3 上定位；通过基础平台内两个液压缸 8、活塞 9、拉杆 12、压板 13 将工件夹紧；夹具通过安装在基础平台底部的两个连接孔中的定位键 10 在机床 T 形槽中定位，并通过两个螺旋压板 11 固定在机床工作台上。可选基础平台上的定位孔 2 作为夹具的坐标原点，与数控机床工作台上的定位孔 1 的距离分别为 X_0、Y_0。三个加工孔的坐标尺寸可用机床定位孔 1 作为零点进行计算编程，称为固定零点编程；也可选夹具上方便的某一定位孔作为零点进行计算编程，称为浮动零点编程。

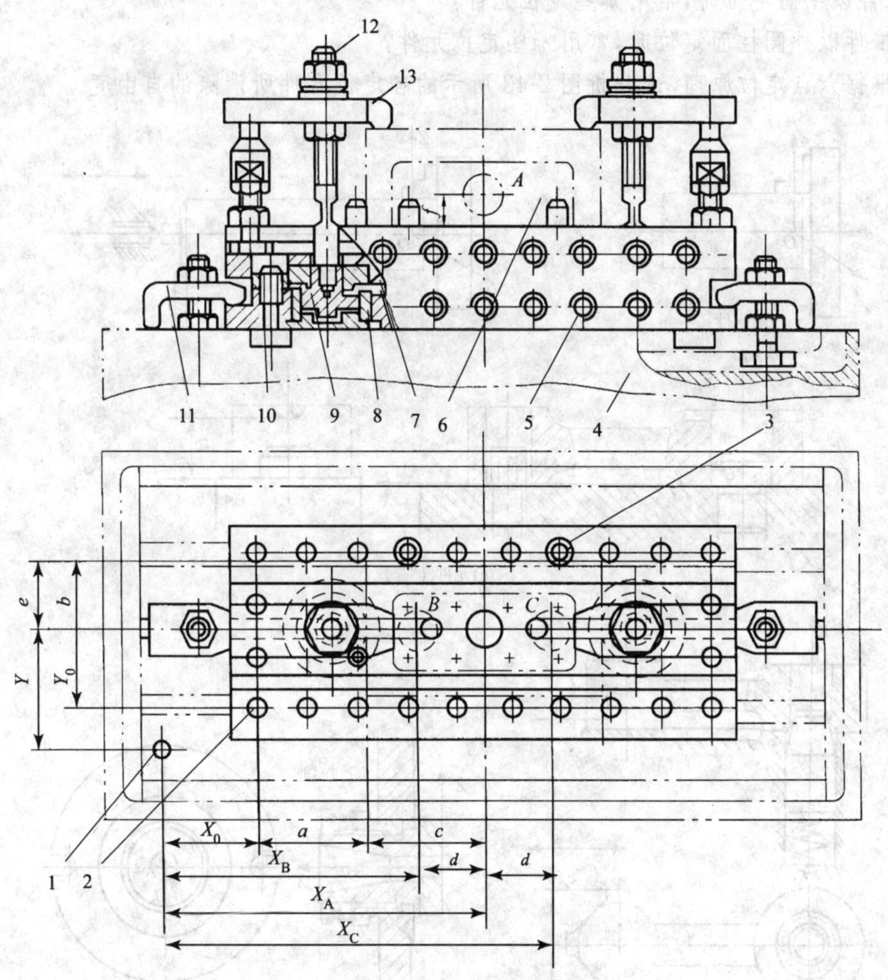

图 2-42　数控机床夹具

1、2—定位孔；3—定位销孔；4—数控机床工作台；5—液压基础平台；6—工件；7—通油孔；8—液压缸；9—活塞；10—定位键；11、13—压板；12—拉杆

思考与复习题

1. 什么是机床夹具？夹具有哪些作用？

2. 机床夹具有哪几个组成部分？各起什么作用？

3. 什么是“六点定位原理”？“不完全定位”和“欠定位”是否均不能采用？为什么？

4. 为什么说夹紧不等于定位？

5. 什么是“过定位”？举例说明过定位可能产生哪些不良后果，可采取哪些措施。

6. 固定支承钉有哪几种形式？各适用于什么场合？

7. 自位支承有哪些特点？

8. 什么是可调支承？什么是辅助支承？它们在使用时应注意哪些问题？两者有什么区别？

9. 工件以平面定位时，常用哪些定位元件？

10. 工件以外圆柱面定位时，常用哪些定位元件？

11. 根据六点定位原理，试分析图 2-43 所示的各定位元件所消除的自由度。

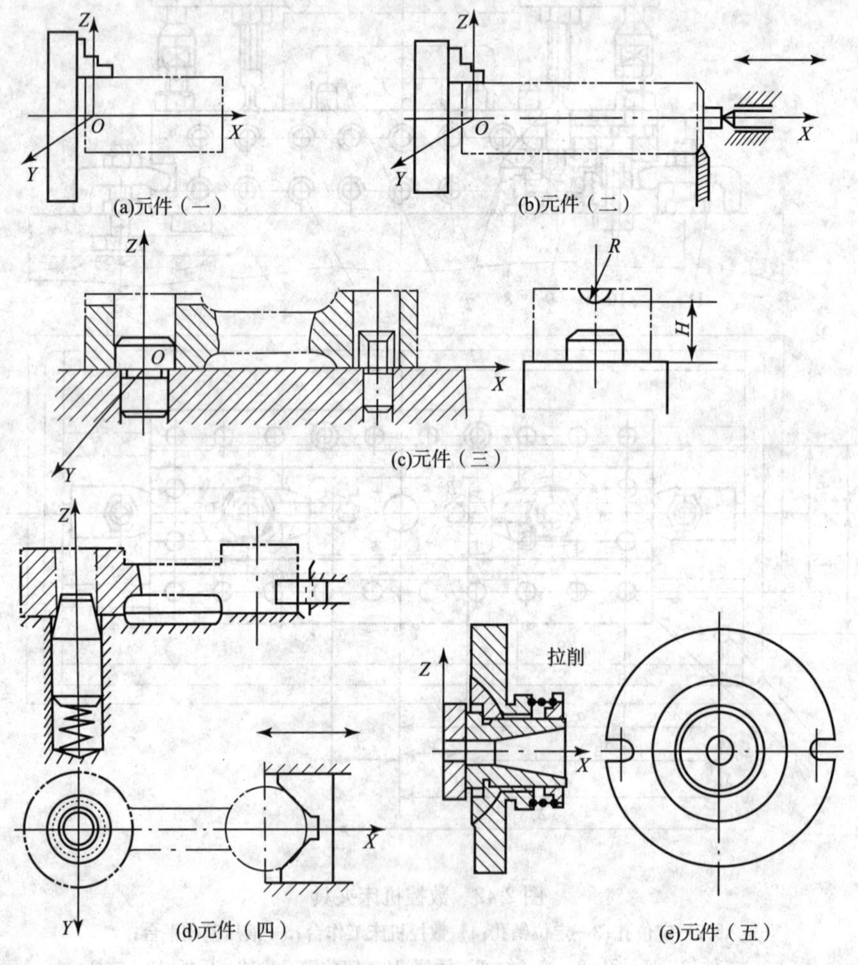

图 2-43　定位元件

12. 试分析三种典型夹紧机构的优缺点。
13. 什么是联动夹紧机构？设计联动夹紧机构时应注意哪些问题？
14. 什么是定心？定心夹紧机构有什么特点？
15. 数控加工对机床夹具有哪些要求？
16. 列举用于数控机床的通用夹具。
17. 组合夹具有什么特点？由哪些元件组成？

3 典型表面的加工方法

3.1 概　　述

3.1.1 典型零件表面的类型

机械零件的种类很多，但就其形体而言都是由基本表面和特殊表面组合而成的。基本表面包括：回转表面和平面；特殊表面包括：螺旋面、齿面和各种成形面等。

3.1.2 机械加工的经济精度

通常，每种典型表面都有多种加工方法，不同的加工方法所能达到的加工精度和表面粗糙度是不同的，因而其加工成本也就不同。大量的设计资料证明，任何一种加工方法，其加工误差（加工精度）与加工成本之间的关系呈幂指数函数曲线形状，图 3-1 所示为机械加工的成本—误差曲线。

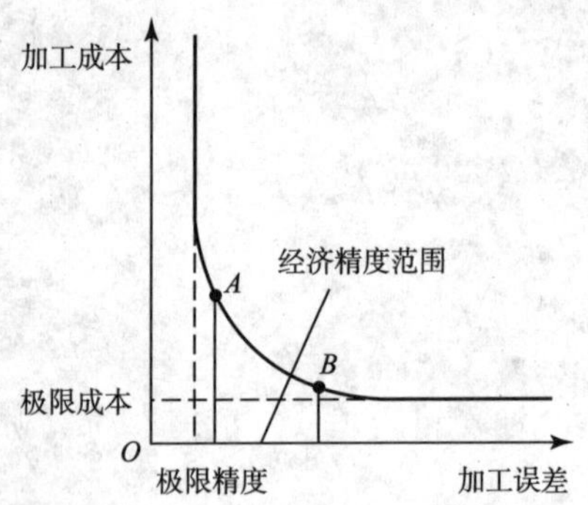

图 3-1　机械加工的成本—误差曲线

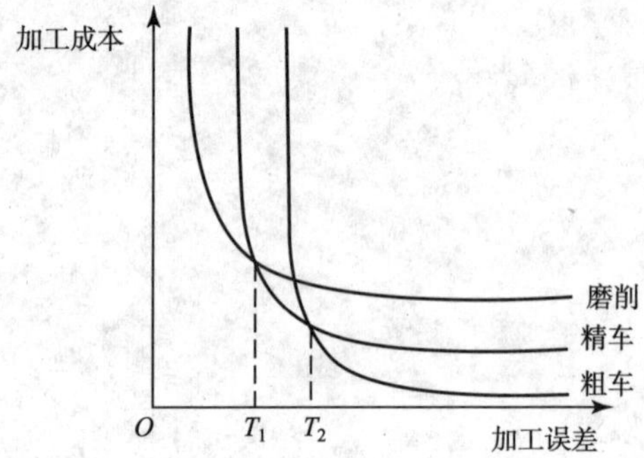

图 3-2　三种加工方法的成本—误差曲线

该曲线表明：某种加工方法要达到的精度越高，其加工成本也就越高。但每种加工方法都存在一个极限精度，就是说即使加工成本再高，加工精度也很难提高了；同样也存在一个极限成本，即使加工精度再低，其加工成本也很难降低。曲线在 A、B 两点之间，加工精度与加工成本的变化明显，即经济效益明显，称这个范围的精度为该种加工方法的经济精度。即指某种加工方法在正常加工条件下（采用符合质量要求的标准设备、工艺装备和标准技术等级的工人，不延长加工时间）所能达到的精度范围。

每种加工方法的成本—误差曲线是不一样的。图 3-2 所示为磨削、精车、粗车三种加工方法的成本—误差曲线。由图可见，这三种加工方法的极限精度、极限成本和经济精度范围是不同的。当加工误差小于 T_1 时应选择磨削加工方法；而加工误差大于 T_2 时应选择粗车加工方法;加工误差在 $T_1 \sim T_2$ 之间时选择精车加工方法既经济又合理。

同理,与经济精度相应的表面粗糙度称为经济粗糙度。机械加工经济精度和经济粗糙度是合理选择加工方法的依据之一。

3.2　回转表面的加工

回转表面是机械零件的基本表面之一,包括外回转表面和内回转表面两大类。

3.2.1　外回转表面的加工方法

外回转表面是轴类零件上的主要加工表面之一,主要包括外圆表面和圆锥表面,它们的加工方法主要有:车削加工、磨削加工和精密加工。

1. 外圆表面的车削加工

车削是外圆表面粗加工、半精加工的主要方法。车削的方法可根据机床设备、刀具材料、几何参数、切削用量的不同分为粗车、半精车、精车和金刚车等,分别达到不同的加工精度和表面粗糙度。

(1)粗车。粗车是外圆表面的粗加工方法,通常用于加工余量比较大的外圆表面的加工,选择吃刀量较大。粗车后工件的精度为 IT13～IT10,表面粗糙度 $Ra \geqslant 12.5\ \mu m$。粗车可以作为低精度外圆表面的加工方法。

(2)半精车。半精车是外圆表面的半精加工方法。半精车后的工件精度为 IT10～IT8,表面粗糙度 Ra 值为 6.3～3.2 μm。半精车通常作为精加工前的预加工,也可作为中等精度表面的最终加工方法。

(3)精车。精车是外圆表面的精加工方法,一般用于单件小批量生产。精车后的精度为 IT8～IT7,表面粗糙度 Ra 值为 1.6 ～0.8 μm。精车、粗车和半精车三种的主要区别,就是机床精度、刀具、切削用量的不同。

(4)金刚车。金刚车后的工件精度可达 IT7～IT6,表面粗糙度 Ra 值为 0.8～0.2 μm,是加工有色金属的主要方法。但是,通过金刚车使工件获得高精度和较小的表面粗糙度值必须具备一定的条件:首先,所用的车床应具有较高的几何精度和刚度;其次,采用适当的切削用量,即较高的切削速度($v_c \geqslant 160$ m/min),较小的背吃刀量($a_p = 0.03 \sim 0.05$ mm)和进给量($f = 0.02 \sim 0.2$ mm/r);再次,刀具要具有良好的耐磨性能。因此,金刚车往往作为最终加工方法,对有色金属零件也是精密加工方法。

2. 外圆表面的磨削加工

磨削是外圆表面精加工的主要方法,既可以加工不淬火外圆表面,也可以加工淬火后的外圆表面。由于砂轮具有多刃、微刃切削和抛光的综合作用,磨削加工可以较容易地达到高的精度和细的表面粗糙度。

磨削加工分为粗磨、精磨、细磨,其区别除了磨削用量不同外,主要是砂轮和磨床精度的区别。粗磨后精度可达 IT8～IT7,表面粗糙度 Ra 为 1.6～0.8 μm;精磨后精度可达 IT7～IT6,表面粗糙度 Ra 值为 0.8～0.2 μm;细磨后精度可达 IT6～IT5,表面粗糙度 Ra 值为 0.2～0.1 μm。

外圆磨削一般在外圆磨床上进行。对于类似光轴的外圆,可以在无心磨床上进行,生产率很高,且易于实现自动化。适用于成批、大量生产。

3. 外圆表面的精密加工

如果外圆表面的精度等于或大于 IT5,表面粗糙度 $Ra \leqslant 0.1\ \mu m$ 时,需要用精密加工的方法来实现。

随着科学技术的发展,对产品的加工精度和加工表面质量的要求越来越高。对于精密外圆的加工,往往需要采用特殊的加工方法和在特定的环境下才能实现。外圆表面在精加工后的精密加工方法主要有:高精度磨削、超精加工、双轮珩磨和研磨,此外滚压、抛光、金刚车是在一定条件下的精密加工方法。

(1)高精度磨削。高精度磨削是近年来发展起来的一种新的精密加工工艺,具有生产效率高、应用范围广、能够修正前一道工序残留的几何形状误差等特点,可以获得很高的尺寸精度和很细的表面粗糙度。

高精度磨削可划分为精密磨削($Ra=0.1 \sim 0.05\ \mu m$)、超精密磨削($Ra=0.05 \sim 0.01\ \mu m$)和镜面磨削($Ra<0.01\ \mu m$)。

(2)超精加工。超精加工是采用细粒度的磨条以较低的压力和切削速度对工件表面进行精密加工的方法。其加工原理如图 3-3(a)所示。加工中有三种运动:工件的低速回转运动;磨条的高速往复振动;磨头的轴向进给运动。如果暂不考虑磨头的轴向进给运动,则磨粒在工件表面走过的轨迹是正弦曲线,如图 3-3(b)所示。

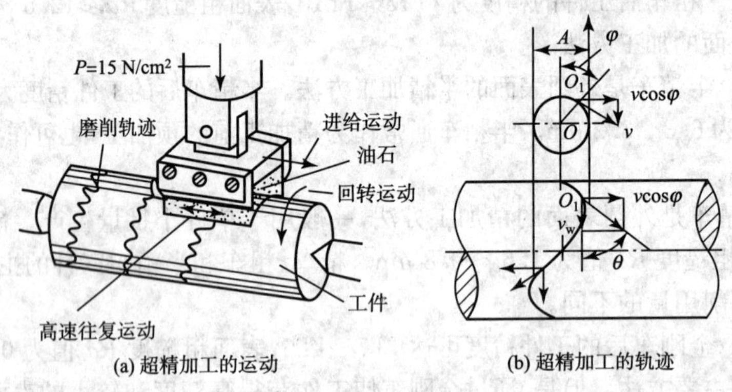

(a) 超精加工的运动 (b) 超精加工的轨迹

图 3-3 超精加工

经过超精加工后的工件,表面粗糙度 $Ra=0.08 \sim 0.01\ \mu m$,这是由于超精加工磨粒运动复杂,能由切削过程过渡到摩擦抛光过程所致。因此,它是一种获得细小表面粗糙度值的简便而有效的方法。同时,由于切削速度低,磨条压力小,所以加工时发热少,工件表面变形层浅,无烧伤现象。然而,由于加工余量很小(<0.01 mm),因而它只能切去工件表面的凸峰,对加工精度的提高不甚显著。

(3)研磨。研磨是一种最早出现的、既简单又可靠的精密加工方法。通常作为精密工件(如滑阀和油泵柱塞等)的终加工。研磨方法可分为机械研磨和手工研磨两种。

机械研磨在研磨机上进行,生产率比较高;手工研磨劳动强度大,生产率低,不适用于批量大的生产,但适用于超精密工件的加工,加工质量与工人的技术水平有关。

研磨用的研具采用比工件软的材料(如铸铁、铜、巴氏合金及硬木等)制作而成。研磨时,部分磨粒悬浮于工件和研具之间,部分磨粒则嵌入研具表面,利用工件与研具的相对运动,磨料就切掉很薄一层金属,主要是切除上道工序留下的粗糙度凸峰。一般研磨的加工余量为 0.01~0.02 mm。

在研磨的过程中，还伴有化学作用。研磨剂能使被加工表面形成氧化层，从而加速研磨过程。

研磨除了可获得很高的尺寸精度和较小的表面粗糙度值外，还可提高工件表面的几何形状精度，但对表面间相互位置精度无改善。当两个工件要求密切配合时，利用配合工件的相互研磨（对研）是一种有效的方法。

（4）滚压加工。滚压加工是利用金属产生塑性变形，从而达到改变工件的表面性能、形状和尺寸的目的，它是一种既无切屑而又可使工件表面强化的加工方法。图 3-4 所示为滚压加工示意图，它是采用硬度较高的滚压轮或滚珠，对半精加工后的工件表面在常温条件下加压，使工件的受压点产生弹性及塑性变形。塑性变形的结果，不但使表面粗糙度值变小，而且使金属表面层的组织结构和性能也发生变化。其结果是滚压加工过的表面层的强度增大，显微硬度提高，使工件的抗疲劳强度、耐磨和耐腐蚀性能等物理机械性能都有显著的改善。

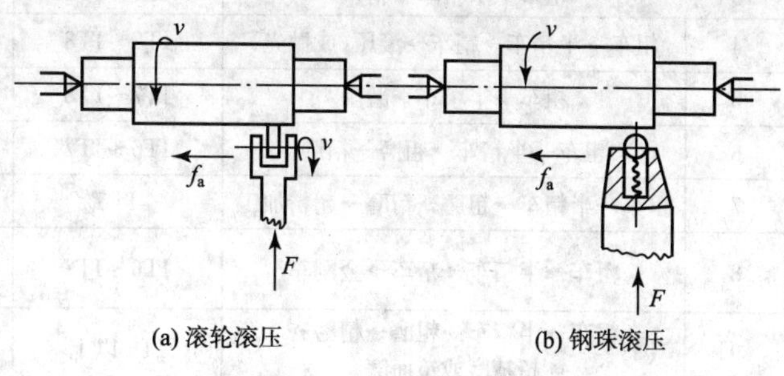

图 3-4　滚压加工示意图

滚压加工的特点：滚压前要求工件加工表面的粗糙度 $Ra \leqslant 5\ \mu m$，其直径加工余量为 0.02～0.03 mm。滚压后的表面粗糙度可达 $Ra = 0.63 \sim 0.16\ \mu m$，强化了加工表面，其精度主要取决于前道工序。如果前道工序加工的圆度、圆柱度较差，反而会出现表面粗糙度不一致的现象；滚压的工件材料一般是塑性金属，且要求组织均匀。如果工件上有局部松软组织，则会产生较大的形状误差；滚压加工的设备，具有结构简单和生产率高的特点。

4. 外圆表面加工方法和加工方案的选择

所谓加工方法的选择，就是指外圆表面为达到技术要求所选择的最终加工方法。而加工方案的选择，是指外圆表面从毛坯到最终加工方法的加工路线。加工方案可以有多种，选择加工方案要考虑到质量、生产率和经济性的综合指标。影响加工方案的因素，包括加工精度、表面粗糙度、生产类型、热处理、设备条件和材料等。表 3-1 所示为外圆表面的加工方案，可供制订工艺时参考。

例如：直径为 ϕ30h7，$Ra = 0.8\ \mu m$ 的未淬火外圆，单件生产时，可选择“粗车→半精车→精车”的加工方案；而成批生产时则应选“粗车→半精车→粗磨→精磨”的加工方案。

又如直径为 ϕ60h6，$Ra = 0.2\ \mu m$ 的外圆，单件生产时，可选“粗车→半精车→精车→细车”；而成批生产时，则应选“粗车→半精车→粗磨→精磨→细磨”的加工方案；若为有色金属材料时，则应选择“粗车→半精车→精车→金刚车”的加工方案。

3.2.2　内回转表面的加工方法

内回转表面主要指的是圆柱孔和圆锥孔。圆柱孔几乎分布在各种零件上，其加工方法较多，应用上也较灵活。常用的加工方法有钻孔、扩孔、铰孔、镗孔、磨孔、拉孔、珩磨、研磨、滚压和金刚镗孔。其中镗孔和磨孔是孔的基本加工方法，刀具简单通用，且能修正孔的位置精度。钻、扩、铰、拉孔属于定尺寸刀具加工，只能保证孔的精度，而无修正孔的位置精度的能力。金刚镗孔多用于有色金属的加工，而珩磨、研磨、滚压用于孔的精密加工。

表 3-1 外圆表面加工方案

序号	加 工 方 案	经济精度级	表面粗糙度 Ra 值/μm	适 用 范 围
1	粗车	IT11 以下	50～12.5	适用于淬火钢以外的各种金属
2	粗车→半精车	IT8～IT10	6.3～3.2	
3	粗车→半精车→精车	IT7～IT8	1.6～0.8	
4	粗车→半精车→精车→滚压(或抛光)	IT7～IT8	0.2～0.025	
5	粗车→半精车→磨削	IT7～IT8	0.8～0.4	主要用于淬火钢,也可用于未淬火钢,但不宜加工有色金属
6	粗车→半精车→粗磨→精磨	IT6～IT7	0.4～0.1	
7	粗车→半精车→粗磨→精磨→超精加工	IT5	0.1～0.012	
8	粗车→半精车→精车→金刚车	IT6～IT7	0.4～0.025	主要用于要求较高的有色金属加工
9	粗车→半精车→粗磨→精磨→超精磨或镜面磨	IT5 以上	0.025～0.006	极高精度的外圆加工
10	粗车→半精车→粗磨→精磨→研磨	IT5 以上	0.1～0.006	

1. 内回转表面的加工种类及方法

(1)钻孔。钻孔是孔的粗加工方法,一般加工精度为 IT13,表面粗糙度 $Ra\geqslant 12.5\ \mu$m。钻孔可以作为次要孔的终加工,也可以作为高精度孔的预加工。为了提高钻孔效率,对高速钢钻头主要是根据切削条件进行修磨,例如"群钻"。使用硬质合金钻头比使用高速钢钻头可提高生产率 2～3 倍。近年来许多国家广泛采用扁钻钻孔,其工艺性能更好。

钻孔直径一般不超过 75 mm,直径小于 35 mm 的孔可一次钻出,大于 35 mm 的孔可分两次钻出,第一次钻孔的钻头直径 d_1 与孔径 D 的关系为 $d_1=(0.5\sim0.75)D$。

(2)扩孔。扩孔是用扩孔钻对工件上已有的孔进行半精加工的方法。扩孔钻与麻花钻相比,它有以下特点:

①切削刃多。扩孔钻有 3～4 条切削刃,导向性好,切削平稳。

②无横刃。可避免横刃对切削的不利影响。

③刀体强度和刚性好。扩孔的加工余量比钻孔小得多,扩孔钻容屑槽浅,钻芯直径大,所以刚度好。

扩孔常用于钻孔后,镗孔或铰孔前的预加工,也可以作为低精度孔的终加工。加工精度一般为 IT11～IT10,表面粗糙度 $Ra=10\sim3.2\ \mu$m。能够纠正被加工孔轴线的歪斜。

标准扩孔钻有三种精度等级,I 号扩孔钻用于 IT8～IT7 级精度孔的粗铰前扩孔;Ⅱ号扩孔钻用于 IT10～IT9 级精度孔的精铰前扩孔;Ⅲ号扩孔钻用于 H11、H12 级精度孔的终加工。

扩孔钻的类型有整体式和套式两种。整体式常用高速钢材料制造;套式常用镶入式的高速钢或焊接式的硬质合金材料。直径较大的孔常用套式扩孔钻来加工。

扩孔的加工余量一般为孔径的 1/8 左右,扩孔的进给量一般较大($f=0.4\sim2$ mm/r),生产率较高。对于孔径大于 100 mm 的孔,扩孔应用较少。

(3)铰孔。铰孔是对未淬火孔进行精加工的一种方法。铰孔使用的刀具是铰刀,刀齿数多、刚性好且制造精确;另外,由于铰孔时的切削余量小、切削速度低、排屑和冷却润滑条件较好,所以,铰孔后的表面质量得到了提高。铰孔尺寸精度一般为 IT9～IT7,手铰可达 IT6,表面粗糙度 $Ra=1.6\sim0.4\ \mu$m。

铰孔主要用于加工中、小尺寸的孔,孔的直径范围一般为 $\phi3\sim\phi150$ mm。铰孔对孔的位置误差的纠正能力很差,孔的位置精度应由铰前工序保证。此外,铰孔不宜加工短孔、深孔、断续孔和平底孔。

铰孔时常出现孔径扩大和表面较粗等缺陷,为了保证铰孔质量,应注意以下几个方面:

①正确选择和使用铰刀。选择相应精度的铰刀,注意铰刀的刀刃质量并正确安装铰刀,保证铰刀的中心线和被加工孔的中心线一致,生产上采用"浮动夹头"安装铰刀效果很好。

②合理选择铰孔加工余量和切削用量。加工余量的大小对铰孔质量有一定的影响,其大小视孔径而定,通常粗铰的加工余量为 0.15～0.35 mm;精铰的加工余量为 0.04～0.15 mm,孔径较小或精度要求高的孔取小值。铰孔时,为减小扩张,防止切削区温度增高,避免产生积屑瘤,使表面粗糙度变粗,通常切削速度不能太大。例如采用高速钢铰刀铰制钢件孔时,粗铰时的切削速度为 4～10 m/min,精铰时的切削速度为 1.5～5 m/min;铰孔的进给量也不能太小,一般可取 0.2～1.2 mm/r。

③正确选择切削液。铰孔时切削液对铰孔质量有显著影响。对于钢质零件的孔,必须使用切削液,一般多选择乳化液;对铸铁零件的孔一般不加注切削液,为使表面粗糙度更细,也可选择煤油。

④拉孔。拉孔是一种高效的孔的精加工方法,其加工精度一般为 IT7～IT6,表面粗糙度 Ra 值为 0.1 μm。因拉刀制造工艺复杂、精度高;只能拉削同一直径的孔,不通用且造价昂贵,因而,拉孔只适用于大批量生产。另外,拉孔不能提高孔的位置精度。

⑤镗孔。镗孔是常用的孔加工方法。镗孔的范围很广,可以加工多种类型的孔,如直径大的孔、成形孔、高精度的短孔、盲孔及有色金属零件上的孔等。尤其是孔内的环形槽,其他孔的加工方法不能进行,镗孔是唯一的方法。

镗孔可在镗床上进行,也可以在车床、钻床或铣床上进行。镗孔刀具简单,通用性大,既可粗加工,也可半精加工及精加工,加工的尺寸精度可达 IT8～IT6 级,表面粗糙度 Ra 值为5～0.63 μm。此外,镗孔能修正前工序加工后孔的轴线歪斜和偏移,可获得较高的位置精度。

镗孔刀具(镗杆)因受孔径限制(特别是小直径深孔),一般刚性较差,镗孔时容易产生振动,影响生产率的提高。但由于不需要专用的尺寸刀具,又可在各种通用机床上进行,故在单件、小批量生产中,镗孔是较经济的方法。

有一种可调节的浮动镗刀片如图 3-5 所示。工作时镗刀片不固定在镗杆上,而是插在镗杆的槽中并能沿径向自由滑动,镗孔时可通过两个对称的切削刃产生的切削力来自动平衡其位置。此种方法称为浮动镗孔,可补偿因刀具调整误差或镗杆的偏摆所引起的不良影响。它不但提高了加工质量,而且能简化操作,提高生产率。但这种加工方法并不能纠正原有孔的轴线歪斜和偏移,只适用于精镗。调节尺寸时,先将螺钉 1 松开,通过螺钉 2 调节刀片 3 的位置。调节到所需尺寸后,将螺钉 1 拧紧,把刀片 3 固定。

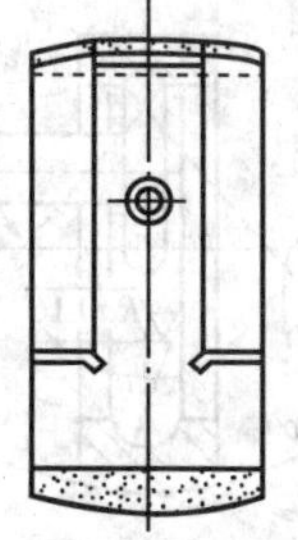

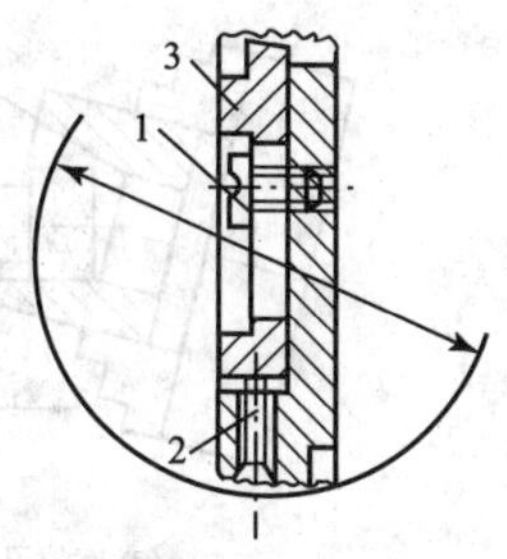

图 3-5　可调节浮动镗刀片

1、2—螺钉;3—调节刀片

⑥磨孔。磨孔和铰孔、拉孔都是孔的精加工方法,但磨孔相对于铰孔和拉孔具有以下优点:

• 铰孔和拉孔只能提高孔本身的精度和减少表面粗糙度值，不能提高孔的位置精度；而磨孔既能保证孔本身的精度和表面粗糙度要求，又能提高孔的位置精度。

• 铰孔和拉孔不能加工淬硬工件，而磨孔则能磨削淬硬工件。

• 铰孔和拉孔所用的刀具均为定尺寸刀具，各种大小不同的孔，必须用相应的刀具加工，刀具的数量较多；而磨孔所用砂轮为非定尺寸刀具，一个砂轮能磨削的孔径范围较大。

由此可见，磨孔的质量和适用范围均比铰孔和拉孔好。但内圆磨削和外圆磨削相比又有下列缺点：

• 内圆磨削的砂轮直径因受工件孔径的限制，一般较小，故砂轮磨损较快，需经常修整和更换，辅助工时多。

• 由于砂轮直径较小，要达到磨削的正常速度（一般为 30 m/s），砂轮所需转速很高，这就给磨头轴承的设计和制造带来一系列困难。近些年来我国试制成功的 12 000 r/min 高频电动磨头及 100 000 r/min 的风动磨头，可以磨削直径为 $\phi1 \sim \phi2$ mm 的小孔。

• 由于砂轮轴直径受到砂轮限制，其比较细小，而悬伸长度较大，刚性很差，转速又很高，磨削时易发生弯曲变形和振动，从而影响孔的加工精度和表面粗糙度，限制生产率的提高。

• 磨孔时砂轮与工件孔的接触面积较大，磨削力和磨削热都较大，而切削液不易注入孔中，很难直接浇注到磨削区域，冷却及排屑条件都很差，所以磨削温度较高，易使工件烧伤。

总之，由于内圆磨削有上述缺点，在生产中的应用并不是很普遍。作为孔的精加工，成批生产中常用铰孔，大量生产中常用拉孔，但在单件小批生产中磨孔仍是常用的孔的精加工方法。特别对于淬硬的孔、断续表面的孔（带键槽的孔）和长度很短的精密孔，更是主要的精加工方法。磨孔精度一般为 IT7～IT6，表面粗糙度 $Ra=0.4 \sim 0.2\ \mu m$。内圆磨削的工艺范围如图 3-6 所示。

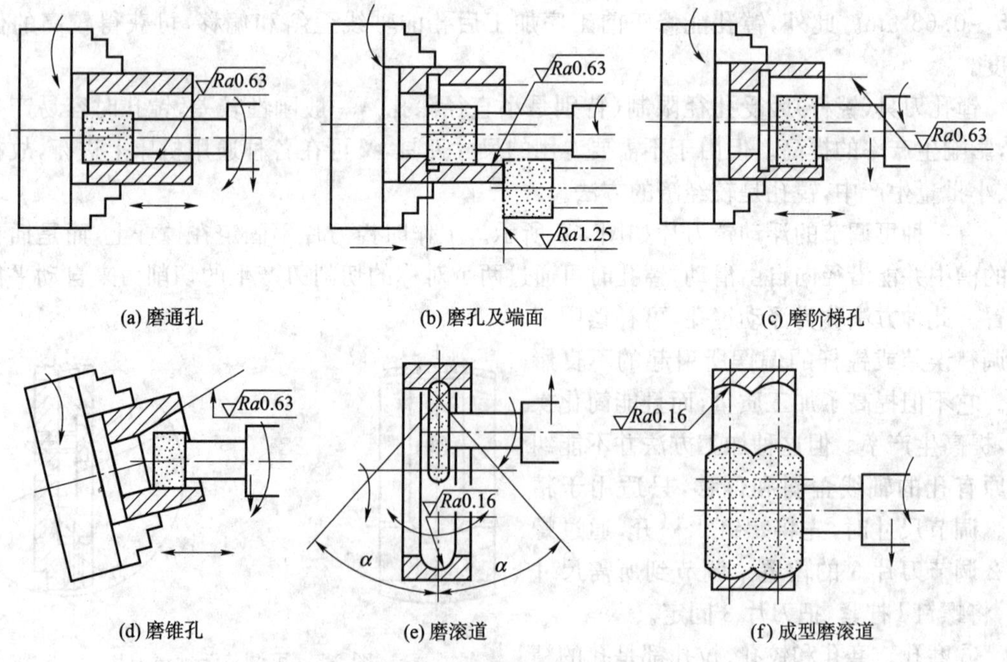

图 3-6　内回转表面磨削的工艺范围

2. 内回转表面加工方案的选择

表 3-2 内孔表面加工方案

序号	加 工 方 案	经济精度级	表面粗糙度 $Ra/\mu m$	适 用 范 围
1	钻	IT12～IT11	12.5	加工未淬火钢及铸铁的实心毛坯，也可用于加工有色金属(但表面粗糙度稍大，孔径小于 15～20 mm)。
2	钻→铰	IT9	3.2～1.6	
3	钻→铰→精铰	IT8～IT7	1.6～0.8	
4	钻→扩	IT11～IT10	12.5～6.3	同上，但孔径大于 15～20 mm。
5	钻→扩→铰	IT9～IT8	3.2～1.6	
6	钻→扩→粗铰→精铰	IT7	1.6～0.8	
7	钻→扩→机铰→手铰	IT7～IT6	0.4～0.2	
8	钻→扩→拉	IT9～IT7	1.6～0.1	大批大量生产(精度由拉刀的精度决定)。
9	粗镗(或扩孔)	IT13～IT11	12.5～6.3	除淬火钢以外的各种材料，毛坯有铸出孔或锻出孔。
10	粗镗(粗扩)→半精镗(精扩)	IT10～IT9	3.2～1.6	
11	粗镗(扩)→半精镗(精扩)→精镗(铰)	IT8～IT7	1.6～0.8	
12	粗镗(扩)→半精镗(精扩)→精镗→浮动镗刀精镗	IT7～IT6	0.8～0.4	
13	粗镗(扩)→半精镗→磨孔	IT8～IT7	0.8～0.2	主要用于淬火钢或未淬火钢，但不宜用于有色金属
14	粗镗(扩)→半精镗→粗磨→精磨	IT8～IT7	0.2～0.1	
15	粗镗→半精镗→精镗→金刚镗	IT7～IT6	0.4～0.05	主要用于精度要求高的有色金属加工。
16	钻→(扩)→粗铰→精铰→珩磨 钻→(扩)→拉→珩磨 粗镗→半精镗→精镗→珩磨	IT7～IT6	0.02～0.025	精度要求很高的孔
17	以研磨代替上述方案中的珩磨	IT6 级以上	0.1～0.006	

孔的加工方法比较多，在选择加工方案时应考虑的因素也比较多，若选择不当，不仅影响加工质量，甚至可能无法加工。孔加工方案的选择需根据孔径的大小、深度、孔的精度和表面粗糙度以及工件的结构形状、材料及其孔在工件上的位置而定，通常按以下原则考虑：

(1)当孔径较小(小于 ϕ50 mm)时，大多采用“钻→扩→铰”的加工方案，其精度与生产率均很高。

(2)当孔径较大时，大多采用钻孔后镗孔或直接镗孔以及进一步精加工的方案。

(3)箱体上的孔多采用精镗或浮动铰孔；缸筒件上的孔多采用精镗后珩磨或滚压加工。

(4)经过淬火的孔用磨孔进行精加工。表 3-2 所示为各种精度孔的加工方案，可供制订工艺时参考使用。

例如：ϕ90H7，$Ra=0.8\ \mu m$，$L=100$ mm 的孔，若为单件小批生产时，可选择“粗镗→半精镗→精镗”的加工方案；若为成批生产时，可选择“粗镗→半精镗→粗磨→精磨”的加工方案；若为箱体上的孔，则适合选择“粗镗→半精镗→精镗或浮动铰孔”的加工方案；若为有色金属材料零件上的孔，则应选“粗镗→半精镗→金刚镗”的加工方案。

3.3　平面的加工方法

3.3.1　平面的加工种类及方法

平面的加工方法较多，通常应用最多的是刨削、铣削和磨削；特殊情况下可以采用插削、拉削、车削的方法加工平面；刮研、研磨是平面的精密加工方法。

1. 刨削

刨削是以刨刀相对工件的往复直线运动与工作台(或刀架)的间歇进给运动实现切削的加工方法。利用刨削加工平面，在单件小批量生产中应用广泛。

刨削加工的机床结构简单，运动平稳；刨削加工的刀具制造简单、调整方便、通用性好；加工质量较好，加工精度一般在IT10～IT7，表面粗糙度 Ra＝12.5～1.6μm；在龙门刨床上，利用几个刀架可在一次安装中同时加工多个表面，能比较经济地保证表面间的相互位置精度。但刨削的切削速度较低，有空行程损失，常常为单刀单刃加工，生产率较低。

目前，采用宽刃刨刀精刨代替刮研的方法较为普遍，能收到良好的效果。宽刃精刨时，切削速度较低(2～12 m/min)，加工余量较小(预刨余量0.08～0.12 mm、终刨余量0.03～0.05 mm)，工件发热变形小，可获得较小的表面粗糙度(Ra＝0.8～0.2 μm)和较高的加工精度，且提高了生产率，减轻了工人的劳动强度。图3-7为宽刃精刨刀，前角 $\gamma_o=-10^\circ\sim-15^\circ$，有挤光作用；后角 $\alpha_o=5^\circ$，可增加后面支承，防止振动；刃倾角 $\lambda_s=3^\circ\sim5^\circ$。加工时用煤油做切削液。

2. 铣削

铣削是平面加工中最常采用的加工方法之一，铣削与刨削相比，由于其切削速度高，参与切削的刀刃多，故生产率较高；但机床和刀具相对复杂；由于切削不连续易产生振动。铣削的加工精度和表面粗糙度较刨削低，加工精度一般在IT9～IT8，表面粗糙度 Ra＝6.3～3.2 μm，多用于加工表面的粗加工和半精加工，也可作为低精度表面的终加工。

铣削平面有端铣和周铣两种方法，如图3-8所示。端铣同时参加切削的刀齿数较多，切削较平稳，铣刀盘端面上一般装有修光齿，加工精度较高，表面粗糙度值较小。端铣刀的刀杆刚性好，用硬质合金刀片可进行高速强力切削，生产率较高。因此，在生产中端铣应用较多。周铣一般采用卧式铣床，其通用性较好，适用范围广，在单件小批量生产中应用较多。

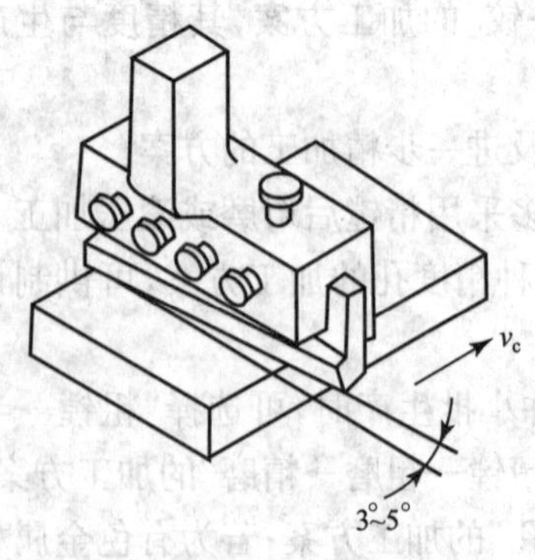

图3-7　宽刃精刨刀

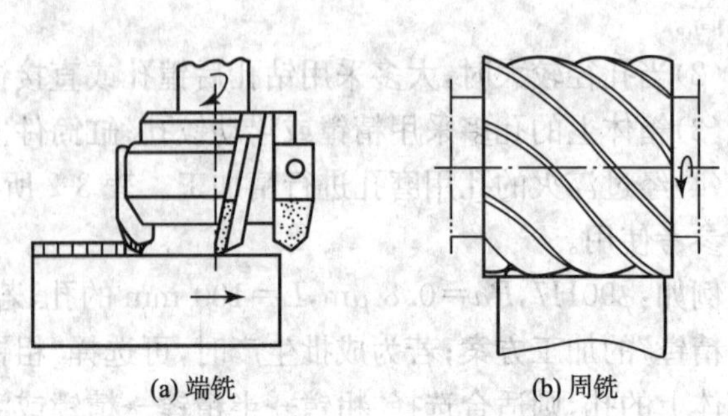

图3-8　平面铣削方法

3. 磨削

平面磨削具有切削速度高、进给量小、尺寸精度易于控制、能获得较高精度和较小表面粗糙度值等特点。加工精度一般可达 IT8～IT5，表面粗糙度 Ra=1.6～0.2 μm。常常用于工件平面的精加工。由于平面磨削工艺系统的刚度较大，可采用强力磨削，不仅能对高硬度材料及淬火表面等进行精加工，而且还能对带硬皮的、余量较均匀的毛坯平面进行粗加工。同时平面磨削可在电磁工作台上同时安装多个零件，进行连续加工。因此，在精加工中、小型零件，尤其是要求保持一定尺寸和相互位置精度的表面时，不仅加工质量高，而且可获得较高的生产率。

平面磨削的方法有周磨和端磨两种类型，周磨加工精度高、表面质量好，但生产率低；端磨生产率高、加工质量差，适合大批量生产中要求精度不高的平面加工。

4. 刮研

刮研平面用于未淬火的工件，它可使两个平面之间达到很好的接触及紧密吻合，能获得较高的形状精度和相互位置精度，加工精度一般可达 IT5 级以上，表面粗糙度 Ra=1.6～0.1 μm。且刮研后的平面能形成具有润滑油膜的滑动面，可减少相对运动表面间的磨损，增强零件接合面间的刚度。

刮研质量是用单位面积上接触点的数目来评定的，粗刮为 2～5 点/25 mm×25 mm；半精刮为 12～16 点/25 mm×25 mm；精刮为 16～20 点/25 mm×25 mm。

刮研劳动强度大、生产率低；但刮研不需复杂设备，生产准备时间短，刮研力度小，发热少，变形小，加工精度和表面质量高。因此，此法一般多用于单件小批生产及维修工作。

5. 平面加工方案的选择

平面加工方案较回转表面要简单些，表 3-3 所示为平面的加工方案，供制订工艺时参考。

表 3-3　平面加工方案

序号	加　工　方　案	经济精度级	表面粗糙度 Ra/μm	适　用　范　围
1	粗车→半精车	IT9	6.3～3.2	端面
2	粗车→半精车→精车	IT8～IT7	1.6～0.8	
3	粗车→半精车→磨削	IT9～IT8	0.8～0.2	
4	粗刨(或粗铣)→精刨(或精铣)	IT9～IT8	6.3～1.6	一般不淬硬平面(端铣表面粗糙度较细)
5	粗刨(或粗铣)→精刨(或精铣)→刮研	IT7～IT6	0.8～0.1	精度要求较高的不淬硬平面；批量较大时宜采用宽刃精刨方案
6	以宽刃刨削代替上述方案刮研	IT7	0.8～0.2	
7	粗刨(或粗铣)→精刨(或精铣)→磨削	IT7	0.8～0.2	精度要求高的淬硬平面或不淬硬平面
8	粗刨(或粗铣)→精刨(或精铣)→精磨	IT7～IT6	0.4～0.02	
9	粗铣→拉	IT9～IT7	0.8～0.2	大量生产，较小的平面(精度视拉刀精度而定)
10	粗铣→精铣→磨削→研磨	IT5 以上	0.1～0.006	高精度平面

3.3.2　槽面的加工方法

常见的槽面有：T 形槽、燕尾槽和键槽等。T 形槽和燕尾槽一般用成形铣刀铣削；键槽分轴上键槽和孔内键槽，孔内键槽单件小批生产时一般用插削，成批大量生产时用拉削。下面重点讨论轴上键槽的加工。

1. 轴上平键槽的加工

轴上的平键槽有敞开式(即槽的一端或两端是敞开的)和封闭式两种。三面刃盘铣刀适宜用来铣削敞开式键槽，但不能用来铣封闭式键槽，如图 3-9 所示。

立铣刀两种键槽均可以加工，但刀具不能作轴向进给，否则容易挤坏刀齿。铣削封闭式键槽时，需要在键槽两端 R 处先各钻一个工艺孔，如果键槽较长时也可用 T 形刀或三面刃盘铣刀在槽的中间先铣出一道槽，然后再用立铣刀进行铣削，如图 3-10 所示。

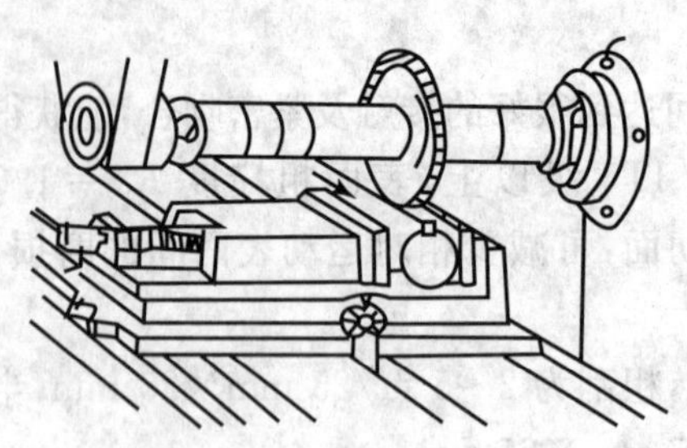

图 3-9　用盘铣刀加工敞开式键槽

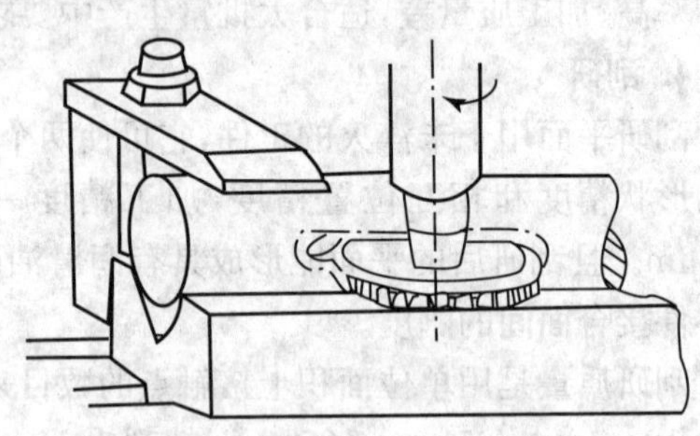

图 3-10　封闭式键槽的预加工

用键槽铣刀加工轴上的键槽是最合理的加工方法。因键槽铣刀的刀齿较少(一般两个齿)，可采用较大的切削用量进行，键槽铣刀的端刃可以作轴向进给(相当于钻削)，所以铣封闭式键槽也不用进行任何预加工便能直接铣出键槽。这种加工方法一般在专用键槽铣床上进行。

2. 轴上半圆键槽的加工

轴上半圆键槽一般按图样要求选择相应直径的三面刃圆盘铣刀或半圆键槽铣刀进行加工。

无论是平键槽还是半圆键槽的加工，都必须保证槽宽尺寸及键槽中心与轴中心的对称度。保证对称度的方法有试切法、划线法和对刀装置三种；保证槽宽尺寸应划分粗铣、精铣两道工序进行。

3. 轴上花键槽的加工

花键是轴类零件经常遇到的典型表面。它具有定心精度高、导向性能好、传递扭矩大、易于互换等优点，所以在各类机械的变速机构中得到了广泛应用。轴上花键的加工，通常有铣削和磨削两种加工方法。

(1)花键的铣削加工。在单件小批量生产中，通常在卧式铣床上，利用分度头进行分齿铣削花键，加工方法有两种：即用两个三面刃组合铣刀，铣削花键的两侧并控制键宽尺寸，把一批工件的花键齿加工完，然后再用一成形铣刀铣出内径等其他部分；产量稍大时，也可用一把和键槽形状相同的成形铣刀依次铣出各个键槽，生产率较高，但需制造专用刀具。以上方法由于存在分度误差，所以影响键齿的等分性。

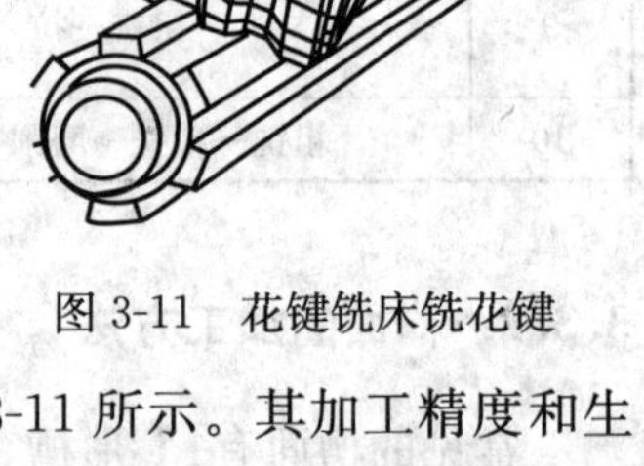

图 3-11　花键铣床铣花键

成批生产时，常采用花键滚刀在花键铣床上加工花键，如图 3-11 所示。其加工精度和生产率均比上述方法高。不少工厂还采用双飞刀高速铣削花键，这种方法不仅能保证精度和表面粗糙度，而且效率比一般铣削可高出数倍。

(2)花键的磨削加工。以外径定心的花键轴，通常只磨削外径，但因淬火而使花键扭曲变形过大时，也应对键的侧面进行磨削；以内径定心的花键轴，其内径和键侧面均需进行磨削加工。

小批量生产可用工具磨床或外圆磨床，借用分度头进行分度，按图 3-12(a)、(b)所示的分两次磨削，这种方法砂轮修整简单、调整方便，B 尺寸必须控制准确；大量生产时，可在花键磨床或专用机床上进行，利用高精度等分板分度，用成形砂轮或组合砂轮，在一次安装中将花键轴磨出，生产率大大提高，如图 3-12(c)、(d)所示。

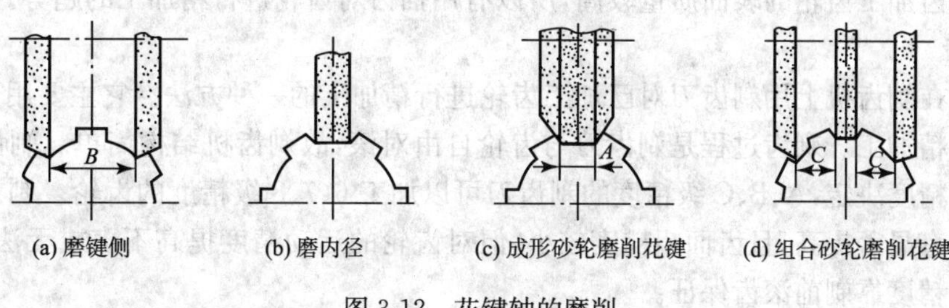

图 3-12　花键轴的磨削

3.4　特殊表面的加工方法

3.4.1　齿形面的加工方法

齿形面的加工是齿轮加工的核心和关键。其加工方法分为无屑加工和切削加工两大类。无屑加工包括热轧、冷轧、压铸、注塑和粉末冶金等，生产率高，成本低，但因齿轮精度不高，目前应用尚不广泛。切削加工仍然是齿轮加工的主要方法，按其加工原理可分为仿形法和展成法。

仿形法加工是采用刀刃形状与被加工齿轮齿槽形状相同的成形刀具来进行加工，常用的方法有模数铣刀铣齿、成形砂轮磨齿和齿轮拉刀拉齿等。

展成法加工的原理是使齿轮刀具和齿坯严格保持一对齿轮啮合的运动关系来进行加工，常见的有滚齿、插齿、剃齿、挤齿、珩齿和磨齿。

1. 铣齿

模数铣刀可分为盘状模数铣刀和指状模数铣刀两种。前者可以在卧式铣床上进行铣齿，应用较广；后者可以在立式铣床上进行铣齿，主要用来加工大模数($m\geqslant8$)的齿轮。

这两种铣齿方法都需借助分度头进行分齿操作，生产率和加工精度较低，一般只适用于 9 级精度以下齿轮的加工。但因使用的是通用的机床和刀具，在单件小批量生产中或没有专用的齿轮加工设备时广泛应用。

2. 拉齿

拉齿是采用齿轮拉刀在拉床上进行内齿加工的一种方法，其加工精度及生产率均较高，但拉刀多为专用，制造困难，价格高，只在大量生产时使用。

3. 滚齿

滚齿是用滚刀在滚齿机上进行齿形加工的一种方法，滚齿的生产率高、应用较广。滚齿的加工精度取决于机床和刀具的精度，通常齿轮滚刀的精度分为 AA、A、B、C 级，分别加工 7、8、

9、10 级精度的齿轮，已经研制的 3A 级精度的滚刀可以对齿轮进行精加工。应用滚齿，可以加工各种尺寸和模数的直齿、斜齿圆柱齿轮，还可以加工蜗轮。滚齿加工时，齿轮的运动精度比较高，但平稳性精度较差。因此，滚齿多用于对齿轮的粗加工或半精加工。

4. 插齿

插齿是在插齿机上用插齿刀进行加工齿形的一种方法。由于插齿刀的运动有空行程，所以生产率较低。插齿加工精度和滚齿相似，用 AA、A、B 级精度的插齿刀可以加工 6、7、8 级精度的齿轮。插齿加工后，齿轮的平稳性精度较高，但运动精度不如滚齿。插齿的最大特点是应用上的广泛性，除了可以加工圆柱齿轮外，还可以加工内齿轮、多联齿轮中的小齿轮、扇形齿轮和齿条，这是选择齿轮加工方法的一个重要方面。

由于插齿加工齿轮的表面质量较高，所以有用插齿对齿轮进行精加工的趋势。

5. 剃齿

剃齿是在剃齿机上用剃齿刀对已加工齿轮进行精加工的一种方法。它主要用于齿轮滚齿后淬火前的精加工。剃齿过程是剃齿刀与齿轮自由对滚，故剃齿机结构简单。剃齿精度主要由剃齿刀的精度决定，A、B、C 级精度的剃齿刀可以加工 6、7、8 级精度的齿轮。剃齿对齿轮的平稳性精度有显著提高，且齿面粗糙度较小，但对齿轮的运动精度提高不多或无法提高，所以齿轮的运动精度靠剃前滚齿保证。

剃齿的生产率很高，一般只用 2～4 min 就可加工完一个中等尺寸的齿轮。

6. 挤齿

挤齿是近些年来发展和使用的一种齿轮精加工的新工艺。挤齿原理很简单，就是用淬火的标准大齿轮向被加工的齿轮径向施力且做啮合运动，靠表面挤压产生塑性变形实现对齿轮的精加工，它是一种表面强化的加工方法。挤齿和剃齿相比，具有机床结构简单、刀具制造容易(相对剃齿刀而言)、生产率更高(15～20 s/件)和质量稳定等优点，因此有取代剃齿对齿轮精加工的趋势。但对于斜齿轮和脆性材料(铸铁)齿轮的精加工，挤齿还不能取代剃齿进行精加工。

7. 珩齿

珩齿原理与剃齿相似，用珩磨轮取代剃齿刀，就可以在剃齿机上珩齿。珩磨轮是一种由磨料、环氧树脂等原料混合后在铁芯上浇铸而成的斜齿轮。它和被加工齿轮齿面间的相对滑移，能磨去齿面上的微薄金属。珩齿是对淬火后齿轮的一种光整加工方法，通过珩齿可去除淬火氧化皮和毛刺，能有效提高齿轮的平稳性精度，细化表面粗糙度。但珩齿对于运动精度的修正能力较差，所以目前珩齿前多用剃齿来保证齿轮的精度。

8. 磨齿

磨齿是齿形加工精度最高的一种方法。磨齿精度可达 6～4 级，最高可达 3 级，齿面粗糙度 Ra 值为 0.8～0.2 μm。磨齿对磨前齿轮误差或热处理变形均有较强的修正能力，能全面提高齿轮精度，故多用于高精度齿轮、标准齿轮和齿轮刀具的精加工。磨齿的最大缺点是磨齿机造价昂贵，生产率低，加工成本高。

9. 齿形加工方案的选择

一般齿形加工方案的选择可按以下方案进行：

8 级精度以下的齿轮：不要求淬火时，可用滚齿(或插齿、仿形铣齿)直接加工；要求淬火时，可选“滚(或插、铣齿)→齿端加工→淬火→修正基准”的方案，淬火前应按高一级精度检验。

6～7 级精度的齿轮：表面淬火时，选择“剃——珩齿方案”，即“滚(或插齿)→齿端加工→

剃齿→表面淬火→修正基准→珩齿”方案;渗碳淬火时,选择“磨齿方案”,即“滚(或插齿)→齿端加工→渗碳淬火→修正基准→磨齿”的方案。

5级以上精度的齿轮,一律选择“磨齿方案”加工。

图3-13所示为常见的齿形加工方案,可供制定工艺时参考。

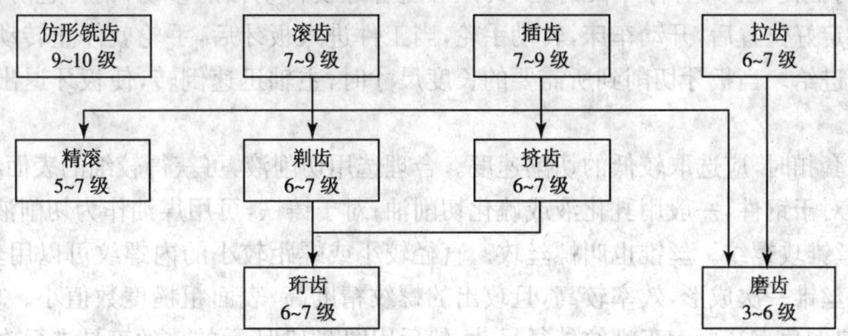

图3-13　常见的齿形加工方案

3.4.2　螺旋面的加工方法

螺旋面的加工,主要指螺纹的加工。螺纹的加工方法很多,在专业化的大批量生产中,广泛采用滚丝、搓丝等一系列先进工艺,生产率很高;一般螺纹的加工,通常采用车削、套扣、攻丝的加工方法,生产率较低;丝杠通常选用铣削加工,生产率较高;对于高精度的螺纹,还可以通过磨削方法获得。现就常用的加工方法介绍如下:

1. 车削螺纹

车削螺纹是应用最广、也是最简单的一种加工方法,多用于精度要求较高、产量不大的螺纹加工。它具有以下特点:

(1)适应性广。不论尺寸大小的各种轮廓的螺纹,均可用车削方法加工,而且刀具简单,费用低,所使用的车床通用性好。

(2)可以获得较高的精度,一般可达7级,甚至可达6级,被加工螺纹的表面粗糙度$Ra=1.6\ \mu m$。加工精度和表面粗糙度均比铣削、套扣、攻丝好。

(3)与铣削、套扣、攻丝等加工方法相比,车削螺纹生产率较低。

(4)对工人的技术水平要求较高,特别是刀具的刃磨技术要求较高。因为螺纹车刀是一种成形刀具,刀具的刃磨质量和刀具的安装误差均直接影响螺纹的加工质量。

车削螺纹时应注意以下几个问题:

①刀具的刃磨和安装要正确,一般要用样板检查。刀具安装时其中心线应与工件轴线相互垂直,刀具的前面(精车刀$\gamma_o=0°$时)应与主轴回转中心水平面相重合。

②粗、精车要分开;正确地采用进刀方法;走刀次数视材料硬度及尺寸而定。

③注意切削液的选择。

用梳形刀车螺纹是一种提高生产率的有效方法。

2. 用板牙和丝锥加工螺纹

除了用车刀加工螺纹外,对于直径和螺距较小的螺纹,还可以在车床或钻床上用板牙和丝锥来加工。

板牙和丝锥是一种成形、多刃螺纹切削刀具。使用板牙和丝锥加工螺纹，操作简单，可以一次切削成形，生产率较高。

(1)用板牙套外螺纹。板牙套螺纹一般用在不大于 M16 或螺距小于 2 mm 的螺纹上。套扣时，先车好螺纹外圆并倒角，套扣工具安装在尾座上，如图 3-14 所示。在工具体左端装上板牙，并用螺钉固定，套筒上有一长槽，工具体可随着螺纹自动轴向移动，销钉起防转和导向作用。尾座固定好位置后，开动车床，转动手轮，当工件进入板牙后，手轮就停止转动，由工具体自动作轴向进给。当板牙切削到所需要的长度尺寸时，主轴迅速倒转，使板牙退出工件，螺纹加工即完成。

用板牙套扣时，应选取较低的切削速度。合理选用切削液，可获得较细的表面粗糙度和较高的精度。对于钢件，一般用乳化液或硫化切削油；对于铸铁，可用煤油作为切削液。

(2)用丝锥攻螺纹。丝锥也叫螺丝攻。直径较小或螺距较小的内螺纹可以用丝锥直接攻出来。机用丝锥一次成形，效率较高，且攻出的螺纹精度高，表面粗糙度数值小。攻丝前先进行钻孔，孔口倒角直径要大于螺纹外径尺寸，然后用图 3-15 所示的攻丝工具进行攻丝。

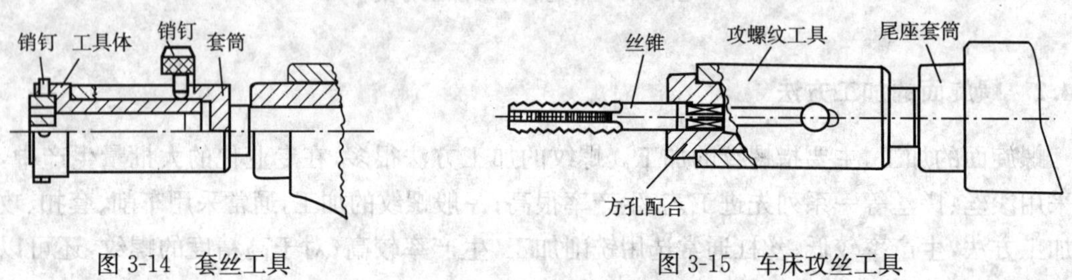

图 3-14　套丝工具　　　　图 3-15　车床攻丝工具

这种工具结构简单，使用方便。但主要缺点是没有保险装置，当切削力过大时，会把丝锥折断。在攻制盲孔螺纹时，这种工具显得更加危险，如果丝锥一碰到底，不迅速返回，丝锥就会立即折断。为了解决这个问题，可以采用摩擦片式丝锥夹头，如图 3-16 所示。

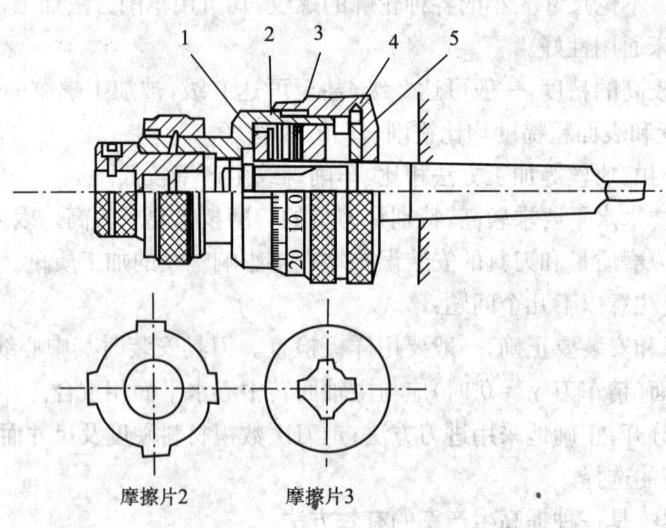

图 3-16　摩擦片式丝锥夹头

1—外套；2、3—摩擦片；4—螺圈；5—垫圈

3. 铣螺纹

在成批、大量生产条件下，尤其是丝杠常用铣削法加工。铣螺纹比车螺纹的生产率高，但因它是断续切削，故其加工表面粗糙度值比车削大。铣螺纹的方法很多，一般按加工刀具的不同，可分为用盘形铣刀铣螺纹、用梳状形铣刀铣螺纹、用蜗杆状铣刀铣螺纹和旋风铣螺纹四种。

旋风铣削螺纹，实质上就是用硬质合金刀具高速铣削螺纹，其加工原理如图 3-17 所示。螺纹刀具装在旋风头上，旋风头的旋转轴线相对于工件轴线倾斜一个螺旋升角 β。旋风头的高速旋转为主运动，工件的旋转为进给运动。每当工件转一转，旋风头沿工件移动一个螺距或导程。这时刀刃在工件上运动轨迹的包络面，就是被切出的螺纹。

通常，旋风铣削机床是用车床改装的，将旋风头装在车床滑板上，由电动机单独驱动。工件的一端装在卡盘上，另一端用顶尖或中心架支承。

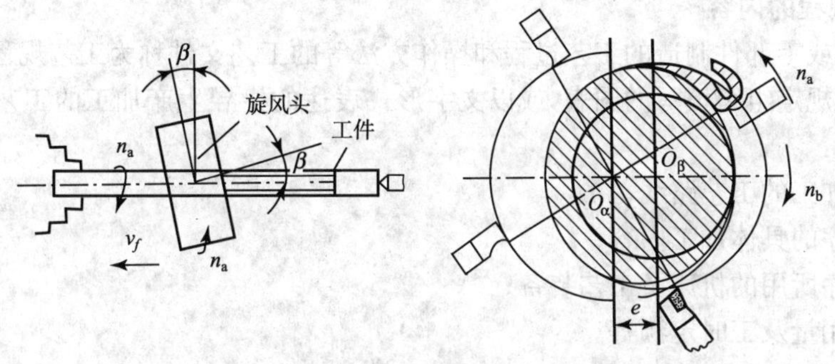

图 3-17　旋风铣削螺纹示意图

思考与复习题

1. 什么是机械加工经济精度？其对加工方法的选择有哪些意义？
2. 外回转表面的主要加工方法有哪几种？各自有哪些特点？
3. 分别按单件生产和成批生产条件，选择下列外圆表面的加工方案。（材料 45 钢）
   ϕ60h9，Ra3.2；ϕ60h7，Ra1.6；
   ϕ60h6，Ra0.2；ϕ60h5，Ra0.1（有色金属）
4. 分别按单件生产和成批生产条件，选择下列孔的加工方案。（按通孔、一般孔考虑）
   ϕ10H7，Ra0.8；ϕ20H10，Ra1.6；
   ϕ70H7，Ra1.6；ϕ90H7，Ra0.63（有色金属）
5. 定尺寸刀具的孔加工方法有哪些？
6. 平面的加工方法有哪些？通常应用最多的有哪些？
7. 铣削平面有几种方法？各自有什么特点？
8. 用立铣刀和键槽铣刀加工封闭式键槽时有什么区别？
9. 齿形面的加工方法分为几类？
10. 滚齿和插齿有什么区别？剃齿和挤齿有什么区别？
11. 常用的螺纹加工方法有哪些？应怎样进行选择？

4 数控加工工艺规程的制订

4.1 概　述

4.1.1　机械加工工艺规程

1. 工艺规程的内容

规定产品或零部件制造的工艺过程和操作方法等的工艺文件称为工艺规程。它是经技术部门审批后按规定组织填写的图表，或以文字形式表达的指导生产加工的工艺性文件。工艺规程主要包括：

(1)零件加工的工艺路线；

(2)各工序的具体加工内容；

(3)各工序所用的机床及工艺装备；

(4)切削用量及工时定额等。

2. 工艺规程的作用

工艺规程主要有以下几方面的作用：

(1)工艺规程是指导生产的主要技术文件。合理的工艺规程是在总结广大技术人员和工人实践经验的基础上，依据工艺理论和必要的工艺试验而制订的。它体现了一个企业或部门的智慧。生产中有了这种工艺规程，就有利于稳定生产秩序，保证产品质量，便于计划和组织生产，充分发挥设备的利用率。实践证明，不按照科学的工艺进行生产，往往会引起产品质量的明显下降，生产效率的显著降低，甚至使生产陷入混乱状态。但是，也应注意及时地吸收国内外先进技术，对现行工艺不断改进和完善，以便更好地指导生产。

(2)工艺规程是生产组织和管理工作的基本依据。由工艺规程所涉及的内容可以看出，在生产管理中，产品投产前原材料及毛坯的供应、通用工艺装备的准备、机械负荷的调整、专用工艺装备的设计和制造、作业计划的编排、操作工人的组织以及生产成本的核算等，都是以工艺规程作为基本依据的。

(3)工艺规程是新建和扩建工厂(或车间)时的原始资料。根据生产纲领和工艺规程可以确定生产需要的机床和其他设备的种类、规格和数量，车间面积，生产线工人的工种、技术等级及数量，投资预算及辅助部门的安排等。

(4)便于积累、交流和推广行之有效的生产经验。已有的工艺规程可供以后制订类似零件的工艺规程时作参考，以减少制订工艺规程的时间和工作量；便于相互交流，有利于提高工艺技术水平。

3. 工艺规程的格式

将工艺规程的内容填入一定格式的卡片中，就是生产准备和施工所依据的工艺文件。常见的工艺文件包括以下三种：

(1)机械加工工艺过程卡片。此类卡片主要列出了整个零件加工所经过的工艺路线(包括毛坯、机械加工和热处理等),它是制订其他工艺文件的基础,也是生产技术准备、编制作业计划和组织生产的依据。由于它对各个工序的说明不够具体,故多用于生产管理,其格式如表4-1所示。

(2)机械加工工艺卡片。此类卡片是以工序为单位详细说明整个工艺过程的一种工艺文件,其作用是用来指导工人生产和帮助车间管理员、技术员掌握整个零件的加工过程,广泛用于成批生产的零件和小批生产的重要零件,其格式如表4-2所示。

(3)机械加工工序卡片。机械加工工序卡片是更为详细地说明了零件的各个工序应如何进行加工的工艺文件。此类卡片以工艺卡片为依据,对每一个工序分别进行编制,列出详细的生产工步,绘制工序图,用于大批量生产的现场作业,其格式如表4-3所示。

4.1.2 制订机械加工工艺规程的原则与步骤

1. 制订工艺规程的原则

制订工艺规程的基本原则是:在一定的生产条件下,以较少的劳动消耗、较低的费用和按规定的速度,可靠地加工出符合图样要求的合格零件。

2. 工艺规程的编制依据

(1)产品的装配图和零件图。通过产品的装配图和零件图,熟悉整台产品的用途、性能和工作条件,了解零件在产品中的作用、位置和装配关系,然后对零件图样进行分析。

(2)产品的生产纲领与生产类型。是采用单件生产、成批量生产还是大批量生产,不同的生产类型决定了制造产品的不同加工方法。

(3)现有的生产条件和工艺资料状况。其中包括毛坯的生产条件或协作关系、工艺装备及专用设备的制造能力、加工设备和工艺装备的规格及性能、工人的技术水平以及各种工艺资料和标准等。

(4)对比分析国内外同类产品的有关工艺资料等。

(5)产品验收的质量标准。

3. 制订工艺规程的步骤

(1)对零件的结构、加工工艺进行分析。明确各项技术要求对装配质量和使用性能的影响,找出主要的和关键的技术要求,从而确定出零件制造的可行性和经济性。

(2)确定毛坯的种类和尺寸。常用的毛坯种类有铸件、锻件、型材、焊接件等。毛坯的制造方法越先进,毛坯精度越高,其形状和尺寸越接近成品零件。因此,在确定毛坯时应当综合考虑各方面的因素,以达到最佳的效果。

(3)拟定零件的加工工艺路线。主要包括选择各加工表面的加工方法、划分加工阶段、划分工序以及安排工序的先后顺序等,结合实际生产条件,提出几种方案,通过对比分析,从中选择比较适合的加工工艺。

(4)工序设计。针对数控机床高度自动化、自适应性差的特点,要充分考虑到加工过程的每一个细节,设计必须严密。主要包括每一道工序对机床、夹具、刀具及量具的选择;装夹方案、走刀路线、加工余量、工序尺寸及其公差、切削用量的确定等。

(5)填写工艺文件。将工艺规程的内容填入一定格式的卡片中,即成为生产准备所依据的工艺文件。主要包括机械加工工艺过程卡片、机械加工工艺卡片、机械加工工序卡片、数控加工工序卡片、数控加工刀具卡片等。

表 4-1　机械加工工艺过程卡片

×××××工厂		机械加工工艺过程卡	产品型号		零(部)件图号		共　页	
			产品名称		零(部)件名称		第　页	
材料牌号		毛坯种类	毛坯外形尺寸		每个毛坯可制零件	每台件数	备注	
工序号	工序名称	工 序 内 容	车间	工段	设备	工艺装备	工　时	
							准终	单件

										设计(日期)	审核(日期)	标准化(日期)	会签(日期)
标记	处数	更改文件号	签字	日期	标记	处数	更改文件号	签字	日期				

表 4-2　机械加工工艺卡片

××××工厂	机械加工工艺卡			产品型号				零(部)件图号					共　页		
				产品名称				零(部)件名称					第　页		
材料牌号		毛坯种类		毛坯外形尺寸				每个毛坯可制件数		每台件数			备注		
工序号	装夹	工步	工序内容	同时加工零件数	切削用量				设备名称及编号	工艺装备			技术等级	工时	
					背吃刀量	切削速度	每分钟转速或往复次数	进给量		夹具	刀具	量具		准终	单件

表 4-3　机械加工工序卡片

×××××工厂	机械加工工序卡	产品型号		零(部)件图号		共　页
		产品名称		零(部)件名称		第　页

(工序简图)	车间	工序号	工序名称	材料牌号	
	毛坯种类	毛坯外形尺寸	每个毛坯可制件数	每台件数	
	设备名称	设备型号	设备编号	同时加工件数	
	夹具编号		夹具名称	切削液	
	工位器具编号		工位器具名称	工序工时	
				准终	单件

工步号	工步内容	工 艺 装 备	主轴转速(r/min)	切削速度(m/min)	进给量(mm/r)	背吃刀量(mm)	进给次数	工步时数	
								机动	辅助

										设计(日期)	审核(日期)	标准化(日期)	会签(日期)	
标记	处数	更改文件号	签字	日期	标记	处数	更改文件号	签字	日期					

4.2 零件的工艺分析及毛坯的确定

零件图是制造零件的主要技术依据，在设计工艺路线之前，首先要仔细进行工艺分析，着重了解零件的结构特征和主要技术要求。为了准确了解零件的功用、工作条件以及相关零件间的配合关系，还应研究零件所在产品的总装配图、部件装配图及验收标准。

4.2.1 零件图的工艺审查

在制订零件的机械加工工艺规程之前，要对零件进行工艺性审查，这是制订工艺规程的一项重要工作。

首先应熟悉零件在产品中的作用、位置、装配关系和工作条件，搞清楚各项技术要求对零件装配质量和使用性能的影响，找出主要的和关键的技术要求，然后对零件图样进行分析。

1. 检查零件图的完整性和正确性

在了解零件形状和结构之后，应检查零件视图是否正确、足够，表达是否直观、清楚，绘制是否符合国家标准，尺寸、公差以及技术要求的标注是否齐全、合理等。

2. 零件的技术要求分析

零件的技术要求包括：加工表面的尺寸精度、形状精度、相互位置精度、表面粗糙度以及表面质量方面的其他要求；热处理要求、其他要求（如动平衡、未注圆角或倒角、去毛刺、毛坯要求等）。

通过对零件的主要技术要求分析，可大致拟订其加工方案。例如，根据零件主要表面的加工精度和表面粗糙度要求，可初步确定为达到这些要求，需采用的最终加工方法，并由此推知相应的中间工序及粗加工工序应采用的加工方法；根据主要表面的形状尺寸和相互位置精度，可确定各加工表面的加工顺序；另外，零件的热处理要求，则对加工方法、加工余量的确定有很大的影响。要注意分析这些要求在保证使用性能的前提下是否合理、经济，在现有生产条件下能否实现。特别要分析主要表面的技术要求，因为主要表面的加工大体确定了零件的加工工艺过程。

3. 零件的材料分析

零件的材料分析主要包括所提供的毛坯材质本身的机械性能和热处理状态、毛坯的铸造品质和被加工部位的材料硬度、是否有白口、夹砂、疏松等。判断其加工的难易程度，为选择刀具材料和切削用量提供依据。所选的零件材料应经济合理，切削性能好，能满足使用要求。

4. 合理的标注尺寸

(1)零件图上的重要尺寸应直接标注，而且在加工时应尽量使工艺基准与设计基准重合，并符合尺寸链最短的原则。

(2)零件图上标注的尺寸应便于测量，尽可能不要从轴线、中心线、假想平面等难以测量的基准标注尺寸。

(3)零件图上的尺寸不应标注成封闭式，以免产生矛盾。

(4)零件上非配合的自由尺寸，应按加工顺序尽量从工艺基准注出。

(5)零件上不加工表面的位置尺寸应直接标注，而不加工面与加工面之间只能有一个联系尺寸。

4.2.2 零件的结构工艺性分析

零件的结构工艺性，是指零件在满足使用要求的前提下制造的可行性和经济性。零件的结构工艺性较好，则可提高生产率，降低制造成本。

由于使用场合和使用要求不同，机械零件的结构形状、几何尺寸和技术要求千差万别，具有不同的特点。但从几何角度观察不难发现，各种零件都是由一些基本表面和特殊表面构成的，例如平面、内外圆表面、内外圆锥面、螺旋面、渐开线齿形面等。因此，应从形体分析入手弄清零件的结构，确定构成零件的表面类型。表面类型不同，所选择的加工方法也不同，例如平面可选择铣削、磨削加工；内孔表面可通过钻、扩、铰、镗和磨削等方法获得。

此外，各种类型表面的不同组合，形成了零件各自的结构特点。例如以内、外圆表面为主，既可组成轴、盘类零件，也可组成套、环类零件；对轴而言，既可以是短粗轴也可以是细长轴，故零件的结构特点不同，其加工工艺将有很大差别。

同样，对于功能、作用完全相同而结构上却不相同的两个零件，它们的加工方法与制造成本往往也有很大差异。因此，在研究零件的结构时，还要注意分析零件的结构工艺性。表 4-4 所示的是零件加工工艺性对比的一些实例，例如在结构工艺性分析中发现问题，工艺人员可提出修改意见。

表 4-4 零件机械加工结构工艺性实例

序号	A工艺性不好的结构	B工艺性好的结构	说　明
1			A图的轴因两键槽方向不一样，加工时要两次装夹，改为B图只需装夹一次
2			A图结构表面高低不平，不易加工，采用B图结构的形式一次走刀即可加工完毕
3			A图结构底面太大，加工不方便，改为B图，容易加工（底面为装配基准，要求平直）；加工量小，成本低
4			A图结构在加工时无法引进刀具，而钻头一开始要钻在弧面上，受侧向力而容易引偏，改为B图即可避免加工缺陷
5	4　6　3	4　4　4	结构A环槽尺寸不一，要多把切槽刀加工，改为结构B，只需一把切槽刀即可加工
6			结构A没有退刀槽，改为结构B有退刀槽，保证了加工的可行性，减少刀具（砂轮）的磨损

续上表

序号	A工艺性不好的结构	B工艺性好的结构	说　明
7		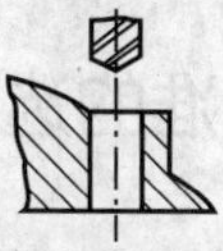	加工结构A上的孔，钻头容易引偏，改为结构B加工方便、可靠
8	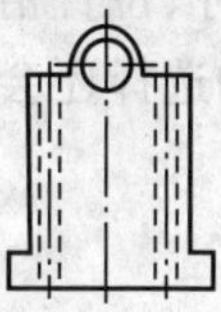	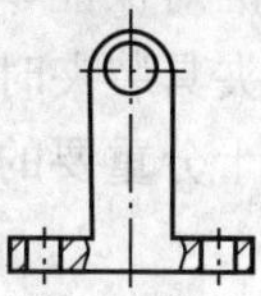	A图结构所设计的孔太深，不便加工，改为B图既便于加工，又节约材料，还便于加工和装卸螺钉

4.2.3　毛坯的种类与选择原则

毛坯的种类和质量的选择，不仅影响着毛坯本身的制造工艺、设备及费用，而且对零件的加工方案、加工质量、材料消耗、生产率以及生产成本也有很大的影响。要正确选择毛坯的类型，必须首先了解毛坯的种类及其特点。

1. 毛坯的类型及特点

机械加工中常见的零件毛坯类型有：铸件、锻件、型材及型材焊接件四种。

(1)铸件。常用做形状比较复杂的零件毛坯。通常可由砂型铸造、金属模铸造、压力铸造、离心铸造、精密铸造等方法获得。

(2)锻件。包括自由锻造件和模锻件两种。自由锻造件的加工余量大、精度低、生产率不高，适用于单件小批生产以及大型零件毛坯。模锻件的加工余量较小、锻件精度高，生产率高、适用于产量较大的中小型零件毛坯。

(3)型材。型材有热轧和冷拉两类。热轧型材尺寸较大、精度较低，多用于一般零件毛坯；冷拉型材尺寸较小、精度较高，多用于对毛坯精度要求较高的中小型零件。

(4)型材焊接件。型材焊接件是根据需要将型材和钢板焊接成零件毛坯。对于大型工件来说，焊接件简单方便，特别是单件小批生产可以大大缩短生产周期，但是焊接的零件变形较大，需要经过时效处理才能进行机械加工。

2. 毛坯选择的原则

在进行毛坯选择时，应考虑以下几个因素：

(1)零件对材料的要求。当零件的材料选定后，毛坯的类型也大致确定了。例如，铸铁或青铜材料，可选择铸造毛坯；钢材且力学性能要求高时，可选锻件。

(2)生产纲领的大小。它在很大程度上决定了采用某种毛坯制造方法的经济性。当零件的产量大时，应选精度和生产率都比较高的毛坯制造方法，虽然一次性的投资较高，但均分到每个毛坯中的费用较少；零件的产量较少时，应选择精度和生产率较低的毛坯制造方法。

(3)零件结构形状和尺寸大小。形状复杂的毛坯，常用铸造方法；薄壁的零件，一般不能采用砂型铸造；尺寸较大的毛坯，往往不能采用模锻、压铸和精铸，常采用砂型铸造；台阶直径相差不大的钢质轴类零件，可选用圆棒料；台阶直径相差较大，则宜用锻件。

(4)现有生产条件。选择毛坯时，还要考虑现场毛坯制造的实际工艺水平、设备状况以及对外协作的可能性。有条件的话，应组织地区专业化生产，统一供应毛坯。

(5)充分利用新工艺、新材料。为节约材料和能源，提高生产效率，应充分考虑精密铸造、精锻、冷轧、冷挤压、粉末冶金、异型钢材及工程塑料等新工艺、新材料在机械中的应用，这样，可大大减少机械加工量，甚至不需要进行加工，经济效益非常显著。

4.3 定位基准的选择

制订机械加工工艺规程时，正确选择定位基准对保证零件表面的尺寸、位置精度以及加工顺序的安排、余量的合理分配均有很大影响。用夹具装夹时，定位基准的选择还会影响到夹具结构的复杂程度。因此，定位基准的选择是一个十分重要的工艺问题。

4.3.1 基准的概念与种类

基准是用来确定生产对象上几何要素间的几何关系所依据的那些点、线、面。根据作用的不同，基准可分为设计基准和工艺基准两大类。

1. 设计基准

设计基准是零件图样上所采用的基准。这是设计人员从零件的工作条件、性能、要求出发，适当考虑加工工艺性而选定的。图 4-1 所示的是轴套零件，端面 B 和 C 的位置是根据端面 A 确定的，因此端面 A 就是端面 B 和 C 的设计基准；外圆 ϕ30h6 的设计基准是内孔轴线 D。

2. 工艺基准

零件在加工工艺过程中所采用的基准，称为工艺基准。工艺基准根据用途不同，又分为工序基准、定位基准、测量基准和装配基准。

(1)工序基准。工序基准指的是在工序图上用来确定本工序被加工表面在加工后的尺寸、位置的基准。即工序图上的基准。图 4-2(a)所示为钻孔的工序简图，本工序是钻 D_1 孔，保证工序尺寸 H 和 L，则本工序的工序基准分别为孔 D_2 的轴心线和端面 C。

(2)定位基准。在加工中用以确定工件在机床或夹具上的正确位置的基准，称为定位基准。图 4-2(b)所示为工件钻孔时装夹在钻模中，端面 A 与夹具的平面相接触，内孔 D_2 与短圆柱销相接触，从而实现了定位，故端面 A 和 D_2 的轴心线 B 为本工序的定位基准。

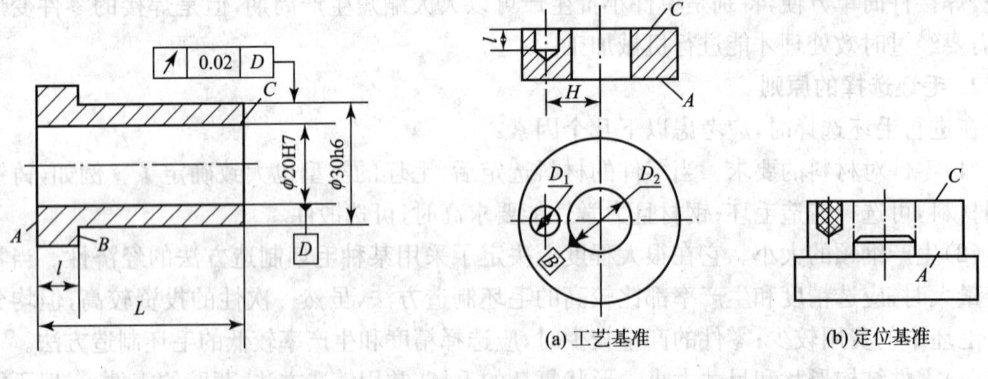

图 4-1　轴套零件　　　　图 4-2　钻孔工序

(3)测量基准。零件检验时，用以测量已加工表面尺寸及位置的基准，称为测量基准。图 4-3 所示为对 $C+D/2$ 的工序基准、定位基准和测量基准。

(4)装配基准。装配基准是在机器装配时，用来确定零件或部件在产品中的相对位置所采用的基准。如轴套的内孔、主轴的轴颈、箱体零件的底面等都是装配基准。

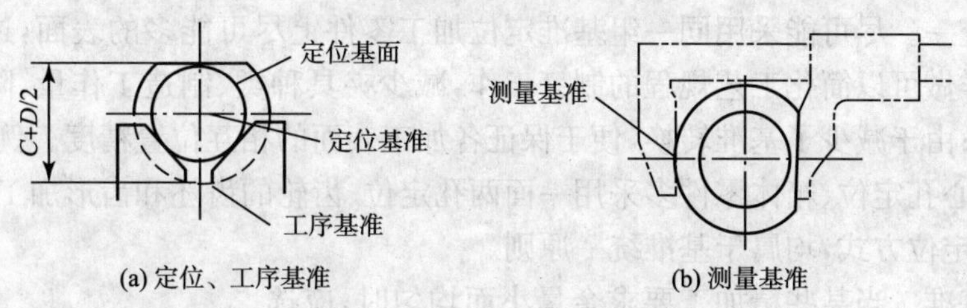

(a) 定位、工序基准　　(b) 测量基准

图 4-3 工序基准、定位基准和测量基准示意图

3. 基准的分析

分析基准时,应注意以下两点:

(1)作为基准的点、线、面在工件上不一定存在(例如球心、轴心线、中心平面等),通常由某些具体表面来体现,这些表面称为基面。例如,三爪卡盘夹持圆轴,实际定位基准是轴心线,而与卡爪接触的是外圆柱面,外圆柱面即为定位基面。图 4-3(a)所示为工件以外圆柱面在 V 形架上定位,定位基面是外圆柱面,而定位基准是轴心线。

(2)各表面间的位置精度(如平行度、垂直度)也存在基准关系。

4.3.2 定位基准的选择原则

在最初的工序中,只能选择未经加工的毛坯表面(如铸造、锻造表面等)作为定位基准,这种基准面称为粗基准;在中间工序和最终工序中,应采用已加工过的表面作为定位基准,则称为精基准。

1. 精基准的选择

选择精基准时,考虑的重点是如何减少误差,提高定位精度。其选择原则如下:

(1)基准重合。尽可能选用设计基准作为定位基准,以避免定位基准与设计基准不重合而引起的基准不重合误差。这一原则通常称为"基准重合原则"。

例如图 4-4(a)所示的零件,铣槽欲保证尺寸 $b_{-\delta_b}^{\ 0}$,其工序基准为 B 面。若以 A 为定位基准保证工序尺寸 $b_{-\delta_b}^{\ 0}$,则基准不重合,刀具调整尺寸 c 一经调好不再改变,则尺寸 $b_{-\delta_b}^{\ 0}$ 只能间接获得,其大小随着 a 尺寸的变化而变化,即引入了基准不重合误差 $\Delta B=2\delta_a$,如图 4-4(b)所示;若以 B 为定位基准保证工序尺寸 $b_{-\delta_b}^{\ 0}$,则基准重合,尺寸 $b_{-\delta_b}^{\ 0}$ 可直接由刀具调整尺寸保证,尺寸 a 的变化对其没有影响,即没有基准不重合误差,如图 4-4(c)所示。因此,在选择定位基准时,为了更好地保证加工精度,应尽量遵守"基准重合原则"。

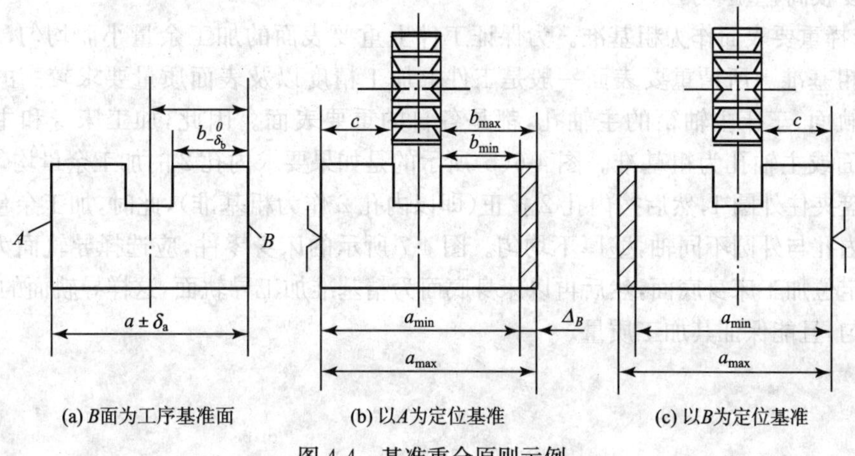

(a) B面为工序基准面　　(b) 以A为定位基准　　(c) 以B为定位基准

图 4-4 基准重合原则示例

(2)基准统一。尽可能采用同一组基准定位加工零件上尽可能多的表面,这就是"基准统一"原则。这样做可以简化工艺规程的制订工作,减少夹具种类、制造工作量,降低成本,缩短生产准备周期;由于减少了基准转换,便于保证各加工表面的相互位置精度。例如加工轴类零件时采用两中心孔定位、箱体零件多采用一面两孔定位、齿轮的齿坯和齿形加工多采用齿轮的内孔加端面的定位方式,均属于基准统一原则。

(3)自为基准。当某些精加工要求余量小而均匀时,应选择加工表面本身作为精基准,而该加工表面与其他表面之间的位置精度要求由先行工序保证,即遵循"自为基准"的原则。图 4-5 所示的是在镗连杆小头孔时就以孔本身作为精基准。工件除以大孔中心和端面为定位基准外,还以被加工的小头孔中心为定位基准,用削边定位插销定位。定位以后,在小头两侧用浮动平衡夹紧装置夹紧,然后拔出定位插销,伸入镗杆对小头孔进行加工。

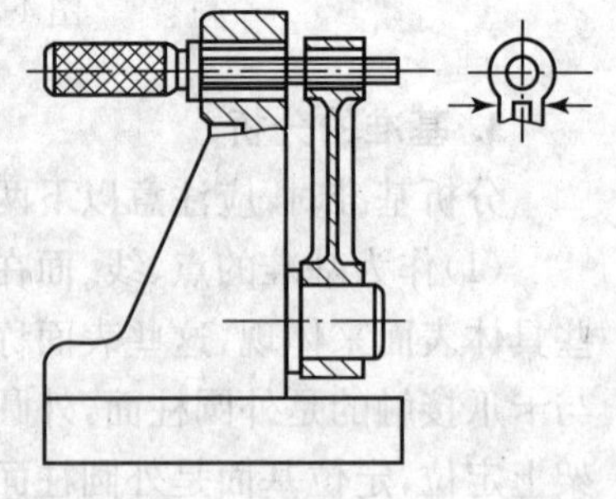

图 4-5　连杆小头孔的装夹

(4)互为基准。当对工件上两个相互位置精度要求很高的表面进行加工时,需要用两个表面互相作为基准,反复进行加工,以保证位置精度要求。例如要保证精密齿轮的齿圈跳动精度,在齿面淬硬后,先以齿面定位磨内孔,再以内孔定位磨齿面,从而保证位置精度;再如车床主轴的前锥孔与主轴支承轴颈间有严格的同轴度要求,加工时就是先以轴颈外圆为定位基准加工锥孔,再以锥孔为定位基准加工外圆,如此反复多次,最终达到加工要求,这都是互为基准的典型实例。

(5)便于装夹。所选精基准应保证工件装夹可靠,夹具设计简单、操作方便。

2.　粗基准的选择

在选择粗基准时,考虑的重点是如何保证各加工表面有足够的加工余量,使不加工表面与加工表面间的尺寸、位置符合图纸要求。因此,选择粗基准时应考虑以下原则:

(1)选择不加工表面作为粗基准。为了保证加工面与不加工面间的位置要求,一般应选择不加工面作为粗基准。如果工件上有多个不加工面,则应选其中与加工表面位置要求较高的不加工面作为粗基准,以便保证精度要求,使壁厚均匀、外形对称等。图 4-6(a)所示的毛坯是在铸造时内孔 2 与外圆 1 有偏心,要求加工内孔,并使内孔与外圆有较高的同轴度。在加工内孔时,应选择外圆 1 作为粗基准(用三爪卡盘夹持外圆),此时虽然加工余量不均匀,但内孔与外圆同轴度较高,壁厚均匀。

(2)选择重要表面作为粗基准。为保证工件上重要表面的加工余量小而均匀,则应选择该表面为粗基准。所谓重要表面一般是工件上加工精度以及表面质量要求较高的表面,如床身的导轨面,车床主轴箱的主轴孔,都是各自的重要表面。因此,加工床身和主轴箱时,应以导轨面或主轴孔为粗基准。图 4-6(b)所示的是如果要求内孔 2 的加工余量均匀,可用四爪单动卡盘夹住外圆 1,然后按内孔 2 找正(即以内孔 2 作为粗基准),此时,加工余量均匀,但加工后的内孔与外圆不同轴,壁厚不均匀。图 4-7 所示的床身零件,应选择导轨面为粗基准。以导轨面定位加工床身底面,然后再以床身底面为精基准加工导轨面,这样导轨面的加工余量就比较均匀,且能保证其加工质量。

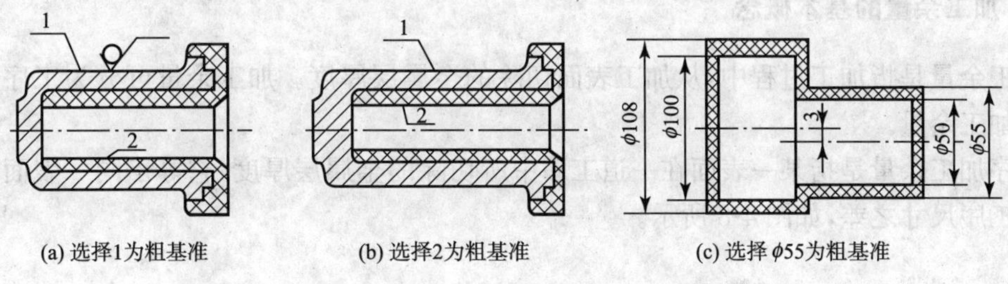

图 4-6　轴、套类零件粗基准的选择

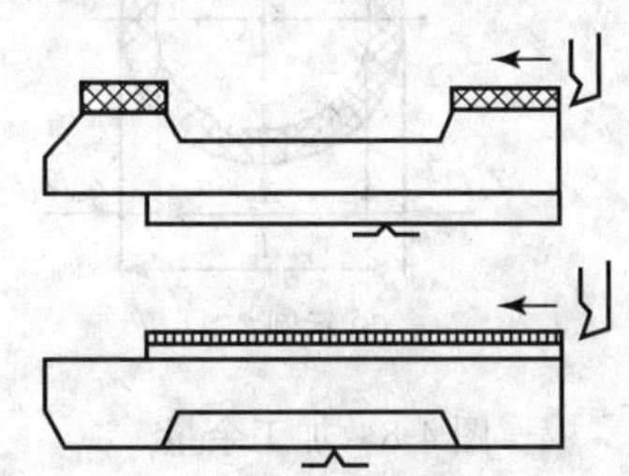

图 4-7　床身零件粗基准的选择

(3)选择加工余量最小的表面作为粗基准。在没有要求保证重要表面加工余量均匀的情况下，如果零件上有多个加工表面，则应选择其中加工余量最小的表面为粗基准，以避免该表面在加工时因余量不足而留下部分毛坯面，造成工件报废。图 4-6(c)所示的阶梯轴，应选择 ϕ55 mm 外圆作为粗基准，否则就会造成工件报废。

(4)选择较为平整光洁、面积较大的表面作为粗基准。作为粗基准的表面必须平整、光洁，接触面较大，不应有浇口、冒口、坡口或飞边等缺陷，保证工件定位可靠、夹紧方便、稳定性好。

(5)粗基准在同一尺寸方向上只能使用一次。因为粗基准本身都是未经机械加工的毛坯面，其表面粗糙且精度低，若重复使用将产生较大的误差。

实际上，无论精基准还是粗基准的选择，上述原则都不可能同时满足，有时甚至还互相矛盾。因此，在选择基准时应根据具体情况进行分析，权衡利弊，力求定位简单准确，夹紧可靠，加工方便，夹具结构简单。

4.4　加工余量的确定

在加工过程中，各工序加工应保证的尺寸称为工序尺寸。工序尺寸的正确确定不仅和零件图上的设计尺寸有关，而且还与各工序的加工余量有密切关系。

加工余量的大小对零件的加工质量和生产率均有较大的影响。加工余量过大，不仅增加机械加工的劳动量、降低了生产率，而且增加材料、工具和电力的消耗，提高加工成本。但是，加工余量过小，又不能保证消除前工序的各种误差和表面缺陷，甚至产生废品。

4.4.1 加工余量的基本概念

加工余量是指加工过程中，从加工表面切除的金属层厚度。加工余量可分为工序加工余量和总加工余量。

工序加工余量是指某一表面在一道工序中所切除的金属层厚度，它等于同一表面相邻两工序的工序尺寸之差，如图 4-8 所示。

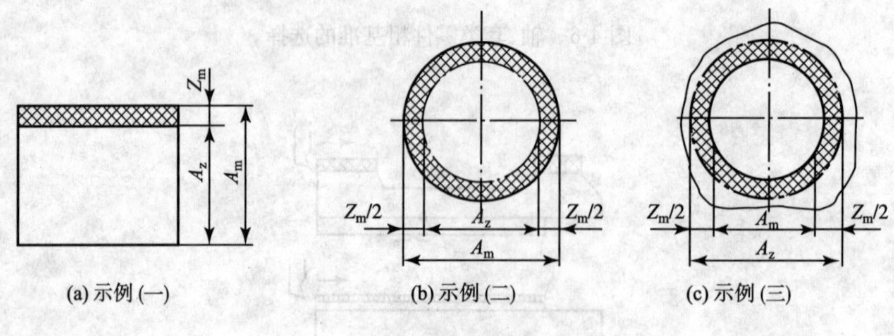

图 4-8 加工余量

对于外表面：

$$Z_m = A_m - A_z \tag{4-1}$$

对于内表面：

$$Z_m = A_z - A_m \tag{4-2}$$

式中 Z_m——本道工序的加工余量；

A_m——上道工序的工序尺寸；

A_z——本道工序的工序尺寸。

对于回转表面(外圆和孔)的加工余量是双边加工余量，即以直径方向计算，实际切除的金属层厚度为加工余量的一半。

总加工余量是指零件从毛坯变为成品的整个加工过程中，某一加工表面所被切除的金属层的总厚度。总加工余量等于各工序加工余量之和，如图 4-9 所示。

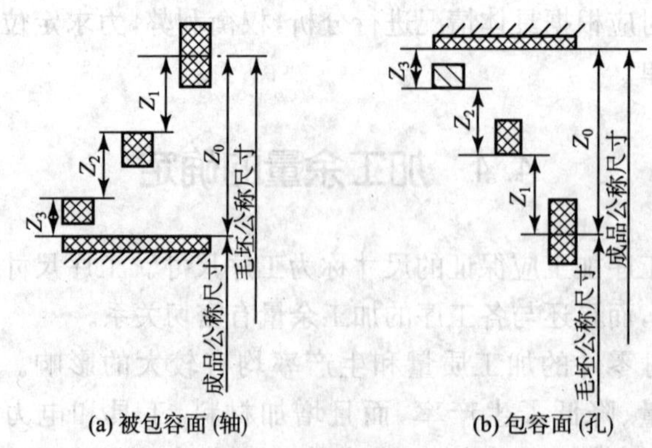

图 4-9 加工余量和工序余量的关系

Z_0—毛坯加工总余量；Z_1—粗加工余量；Z_2—精加工余量；Z_3—最终加工余量

由于毛坯制造和各个工序尺寸都不可避免地存在误差，因而无论是总加工余量，还是工序加工余量都是一个变动值，存在最小加工余量和最大加工余量，它们之间的关系如图 4-10 所示。为了便于加工，工序尺寸都按“入体原则”标注，即包容面的工序尺寸取下极限偏差为零，被包容面的工序尺寸取上极限偏差为零，毛坯尺寸偏差则双向布置。

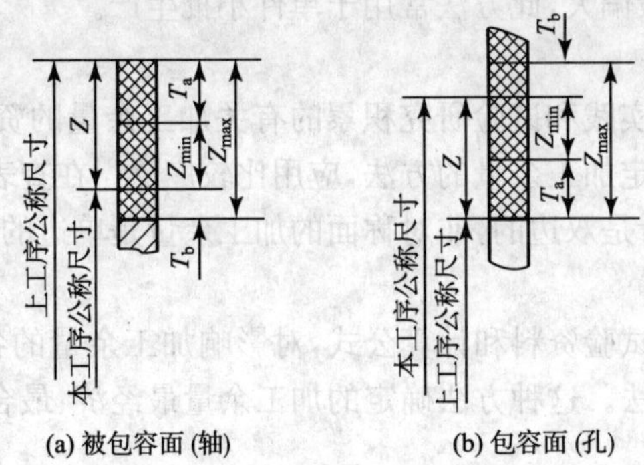

图 4-10 加工总余量和工序余量的关系

Z—基本余量；Z_{max}—工序最大余量；Z_{min}—工序最小余量；

T_a—上道工序的工序尺寸公差；T_b—本道工序的工序尺寸公差

4.4.2 影响加工余量的因素

影响工序加工余量的因素可归纳为以下几项：

1. 前工序的表面粗糙度 Ra 与缺陷层 D_a

本工序必须把上工序留下的表面粗糙度 Ra 全部切除，还应切除被上道工序破坏的缺陷层 D_a，如图 4-11 所示。

2. 前工序的工序尺寸公差 T_a

由图 4-10 所示的关系图可知，工序的基本余量中包括了前工序的尺寸公差 T_a。

3. 前工序的位置误差 P_a

上一道工序加工后，往往存在不包括在尺寸公差范围内的形状误差和位置误差，如直线度、垂直度、同轴度等。例如，图 4-12 所示为小轴，当轴线有直线度误差 ω 时，需在本工序中纠正，因而直径方向的加工余量应增加 2ω。

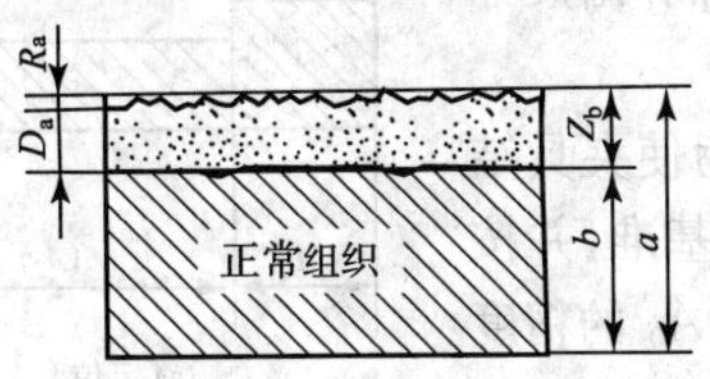

图 4-11 表面粗糙度与缺陷层

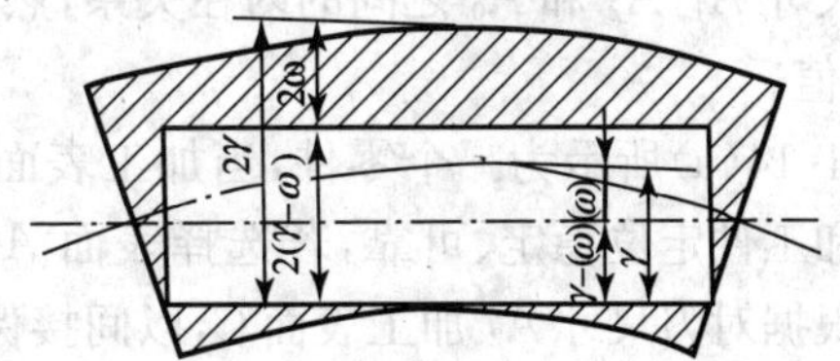

图 4-12 形状误差与加工余量的关系

4. 本工序工件的安装误差 E_b

工件在本工序装夹中，不可避免地存在着定位误差和夹紧误差，致使工序尺寸发生变化。考虑这项误差的影响，应加大加工余量。

P_a 和 E_b 都是有方向性的，当两者同时存在时，应按矢量加法合成。对不同的零件和不同的工序，上述误差的数值与表达形式也各不相同，在决定工序加工余量时应区别对待。

4.4.3 确定加工余量的方法

1. 经验估计法

此方法是根据工艺人员的实践经验来确定加工余量的。为了防止加工余量不够而产生废品,所估计的加工余量一般偏大,此方法常用于单件小批生产。

2. 查表修正法

此方法是以工厂生产实践和试验研究积累的有关加工余量的资料数据为基础,并结合实际加工情况进行修正来确定加工余量的方法,应用比较广泛。在查表时,应注意表中数据是公称值,对称表面的加工余量是双边的,非对称面的加工余量是单边的。

3. 分析计算法

此方法是根据一定的试验资料和计算公式,对影响加工余量的各项因素进行分析和综合考虑来确定加工余量的方法。这种方法确定的加工余量最经济、最合理,但需积累比较全面的资料,目前应用尚少。

4.5 工序尺寸及其公差

由于零件加工的需要,在工序图或工艺规程中要标注一些专供加工用的尺寸,这些尺寸称为工序尺寸。工序尺寸在加工与装配过程中总是相互关联的,它们彼此有着一定的内在联系,往往一个尺寸的变化会引起其他尺寸的变化,或一个尺寸的获得须由其他一些尺寸来保证。工序尺寸及公差的确定往往需要通过工艺尺寸链的运算来求得。

4.5.1 工艺尺寸链

1. 工艺尺寸链的基本概念

(1)尺寸链的定义。零件在加工和测量中有关尺寸的关系如图 4-13 所示。并以此说明工艺尺寸链的定义。

图 4-13(a)所示为定位套,A_0 与 A_1 为图样已标注的尺寸。当按零件图进行加工时,尺寸 A_0 不便直接测量。若想通过易于测量的尺寸 A_2 进行加工,以间接保证尺寸 A_0 的要求,则首先需要分析尺寸 A_1、A_2 和 A_0 之间的内在关系,然后据此计算出尺寸 A_2 的数值。

图 4-14(a)所示为一个零件,当加工表面 C 时,为使夹具结构简单和工件定位稳定、可靠,若选择表面 A 为定位基准,并按调整法根据对刀尺寸 A_2 加工表面 C,以间接保证尺寸 A_0 的精度要求,则同样需要分析尺寸 A_1、A_2 和 A_0 之间的内在关系,然后据此计算出对刀尺寸 A_2 的数值。

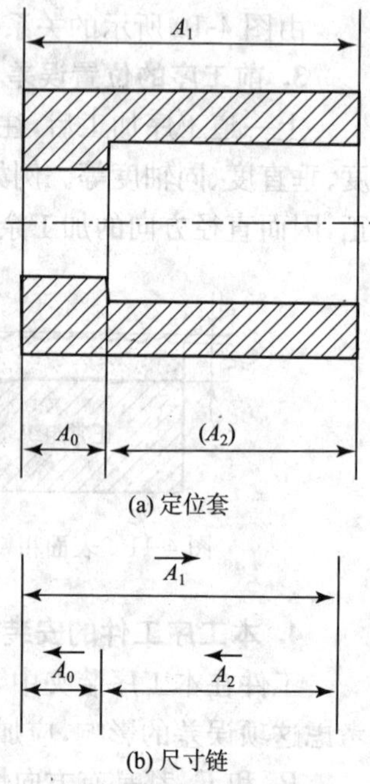

图 4-13 零件的尺寸联系(一)

在加工过程中,由一组互相关联的尺寸按一定顺序首尾相接排列成的封闭的尺寸组,称为零件的工艺尺寸链。图 4-13(b)和图 4-14(b)所示的即为反映尺寸 A_1、A_2 和 A_0 三者关系的工艺尺寸链简图。由上述两例可以看出,在零件的加工过程中,为了加工和测量的方便,有时需要进行一些工艺尺寸的计算。利用工艺尺寸链就可以方便地对工艺尺寸进行分析、计算。

(2)尺寸链的组成。

①环。环是指列入尺寸链中的每一个尺寸。例如,图4-13(b)所示的A_1、A_2和A_0都称为尺寸链的环,一条尺寸链至少由三个环构成。

②封闭环。尺寸链中,属于加工过程中被间接保证的一个环,例如图4-13和图4-14所示的尺寸A_0。

③组成环。除了封闭环以外的其余各环都称为组成环。组成环中的任意一个环变动,必定会引起封闭环变动。组成环又分为增环和减环:

- 增环。引起封闭环同向变动的组成环,称为增环。该环增加时,也会使封闭环增加;该环减小时,封闭环也跟着减小。
- 减环。引起封闭环反向变动的组成环,称为减环。即该环增加,会使封闭环减小;该环减小时,封闭环则会增加。

为了迅速、准确地确定尺寸链的组成环中哪些是增环,哪些是减环,可采用下述方法:在尺寸链简图上,先给封闭环任定一个方向,并画出箭头,然后沿此方向环绕尺寸链回路,依次给每一个组成环画箭头,凡箭头方向和封闭环相反的为增环,相同的则为减环,例如图4-13(b)所示的A_1为增环,A_2为减环;图4-14(b)所示的A_1为增环,A_2为减环。

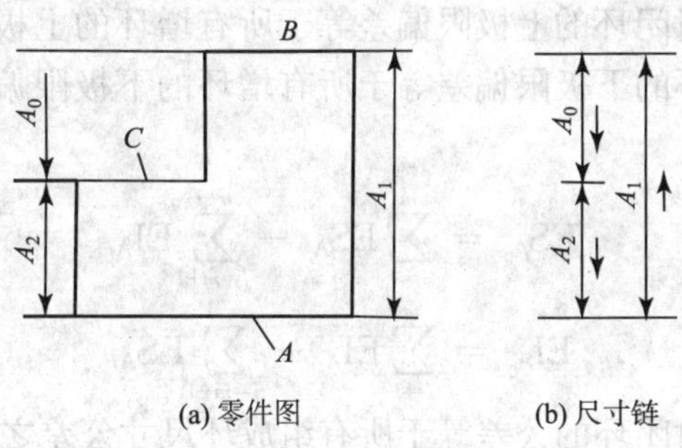

图4-14　零件的尺寸联系(二)

(3)尺寸链的特征。从工艺尺寸链简图我们可以看出,尺寸链有以下两个主要特征:

①封闭性。封闭性是尺寸链的重要的特征之一。即由一个封闭环和若干个组成环构成的工艺尺寸链中,各环的排列呈封闭形式。不封闭就不能成为尺寸链。

②关联性。指尺寸链的各环之间是相互关联的,即封闭环受各组成环的变动影响。

2. 工艺尺寸链的建立

工艺尺寸链的计算并不复杂,但在工艺尺寸链的建立中,封闭环的确定和组成环的查找,对初学者来说常常感到比较困难,下面分别予以讨论。

(1)封闭环的确定。在建立工艺尺寸链时,首先要正确地确定封闭环,如果封闭环确定错误,整个尺寸链的解也将是错误的。封闭环的基本属性是"派生"性,它是随着别的组成环的变化而变化的。封闭环的这一属性,在工艺尺寸链中表现为尺寸的间接性,即封闭环的尺寸是由其他环的尺寸确立后间接形成(或保证)的。在多数情况下,封闭环可能是零件设计尺寸中的一个,或者是加工余量。

(2)组成环的查找。在封闭环确定之后,从封闭环两端面起,分别沿着邻近加工尺寸查找出该尺寸的另一端面,再顺着找别的端面,查找它邻近加工尺寸的另一端面,直至两边会合为止。此时,形成的全封闭的尺寸图形即是所建立的尺寸链。注意形成的尺寸链应使组成环的数目最少,且只能含有一个封闭环。

3. 工艺尺寸链的计算

(1)封闭环的公称尺寸。封闭环的公称尺寸等于所有增环的公称尺寸之和减去所有减环的公称尺寸之和,即

$$A_0 = \sum_{i=1}^{m} \overrightarrow{A}_i - \sum_{j=m+1}^{n-1} \overleftarrow{A}_j \tag{4-3}$$

式中 n ——包括封闭环在内的尺寸链总环数;

m ——增环的环数;

$n-1$ ——组成环(包括增环与减环)的数目。

(2)封闭环的极限尺寸。封闭环的上极限尺寸等于所有增环的上极限尺寸之和减去所有减环的下极限尺寸之和;封闭环的下极限尺寸等于所有增环的下极限尺寸之和减去所有减环的上极限尺寸之和,即

$$A_{0\max} = \sum_{i=1}^{m} \overrightarrow{A}_{i\max} - \sum_{j=m+1}^{n-1} \overleftarrow{A}_{j\min} \tag{4-4}$$

$$A_{0\min} = \sum_{i=1}^{m} \overrightarrow{A}_{i\min} - \sum_{j=m+1}^{n-1} \overleftarrow{A}_{j\max} \tag{4-5}$$

(3)封闭环的偏差。封闭环的上极限偏差等于所有增环的上极限偏差之和减去所有减环的下极限偏差之和;封闭环的下极限偏差等于所有增环的下极限偏差之和减去所有减环的上极限偏差之和,即

$$ES_{A_0} = \sum_{i=1}^{m} ES_{A_i} - \sum_{j=m+1}^{n-1} EI_{A_j} \tag{4-6}$$

$$EI_{A_0} = \sum_{i=1}^{m} EI_{A_i} - \sum_{j=m+1}^{n-1} ES_{A_j} \tag{4-7}$$

(4)封闭环的公差。封闭环的公差等于所有组成环尺寸公差之和,即

$$T_{A_0} = \sum_{i=1}^{n-1} T_{A_i} \tag{4-8}$$

从上式可以看出,对于装配尺寸链,封闭环往往是代表装配精度的尺寸,组成环越少,装配精度越高;对于零件尺寸链,封闭环往往是代表精度最低的尺寸,一般不予标注。在加工过程中,封闭环常常用来验证计算结果是否正确。

4.5.2 工序尺寸及公差的确定

1. 基准重合时工序尺寸及公差的确定

当定位基准与设计基准(工序基准)重合时,可先根据零件的具体要求确定其加工工艺路线,再通过查表或相关工艺手册来确定各道工序的加工余量及公差,然后计算出各工序尺寸及公差。

计算顺序:先确定各工序余量的公称尺寸,再由后往前逐个工序推算,即从零件的设计尺寸开始,由最后一道工序向前工序推算直到毛坯尺寸。各工序公差按各工序加工的经济精度确定,并按"入体原则"确定上、下极限偏差。

【例 4-1】 某法兰盘零件上有一个孔,孔径 $\phi100^{+0.035}_{0}$ mm,表面粗糙度 $Ra=0.8\ \mu m$。工艺上考虑需经过粗镗、精镗和细镗加工。试计算各工序的工序尺寸及其公差。

解：从《机械加工工艺人员手册》中查出各工序的基本加工余量如下：

细镗余量：0.8 mm；精镗余量：2.2 mm；粗镗余量：5 mm。

各工序的工序尺寸计算如下：

细镗后孔径应达到图纸规定尺寸，即 $D=\phi100^{+0.035}_{0}$ mm

精镗后的孔径公称尺寸：$D_1=100-0.8=99.2$ mm

粗镗后的孔径公称尺寸：$D_2=99.2-2.2=97$ mm

毛坯孔径公称尺寸：$D_3=97-5=92$ mm

根据手册中各种加工方法能达到的经济精度给各工序尺寸确定公差如下：

细镗前精镗取 IT9 级公差，查表得 $T_1=0.087$ mm；

粗镗孔取 ITl2 公差，查表得 $T_2=0.35$ mm；

毛坯公差：$T_3=\pm1.2$ mm；

毛坯的总余量：$Z_0=5+2.2+0.8=8$ mm。

2. 基准不重合时工序尺寸及公差的确定

(1)定位基准与设计基准不重合时的工序尺寸计算。当采用调整法加工一批零件，若所选的定位基准与设计基准不重合，那么该加工表面的设计尺寸就不能由加工直接得到，这时，就需要进行有关的工序尺寸计算，以保证设计尺寸的精度要求。

【例 4-2】 图 4-15(a)所示为轴套零件图，其中在数控车床上已经将外圆、内孔及两端面加工完毕，现铣削加工右侧台阶面，应保证 $17^{+0.26}_{-0.1}$ mm，加工时以左侧端面为定位基准。试求刀具调整尺寸 X。

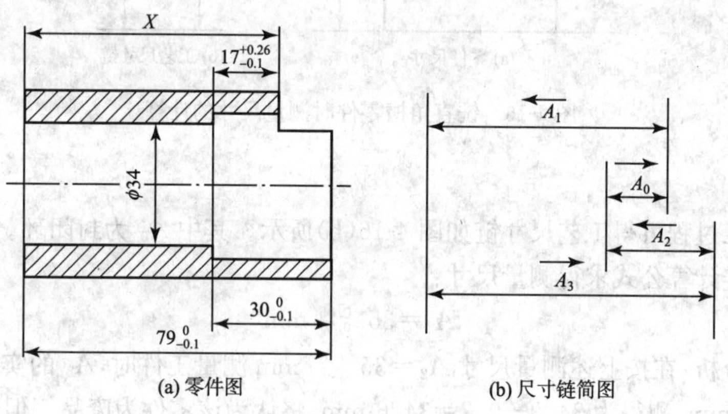

图 4-15 尺寸链计算

解：

①建立尺寸链。根据加工过程可得工艺尺寸链，如图 4-15(b)所示。其中，尺寸 A_0 为封闭环，$A_1(X)$、A_2 为增环，A_3 为减环。

②尺寸链计算：封闭环的公称尺寸等于所有增环的公称尺寸之和减去所有减环的公称尺寸之和，即

$$A_0=(A_1+A_2)-A_3\text{，也就是 }A_1=A_0+A_3-A_2=17+79-30=66(\text{mm})$$

封闭环的上极限偏差等于所有增环的上极限偏差之和减去所有减环的下极限偏差之和，即

$$0.26=ES_{A_1}+0-(-0.1)\quad\text{则 }ES_{A_1}=0.16\text{ mm}$$

封闭环的下极限偏差等于所有增环的下极限偏差之和减去所有减环的上极限偏差之和，即

$$-0.1=EI_{A_1}-0.1-0 \quad 则\ EI_{A_1}=0(mm)$$

③验算：封闭环的公差等于所有组成环公差之和，即

$$T_{A_0}=0.26-(-0.1)=0.36(mm)$$

组成环 $T_1+T_2+T_3=(0.16-0)+(0-(-0.1))+(0-(-0.1))=0.36(mm)=T_{A_0}$，故计算正确。

所以，当以左端面定位时，刀具调整尺寸 $X=66^{+0.16}_{0}$ mm。

(2)测量基准与设计基准不重合时的工序尺寸计算。在加工或检查零件的某个表面时，有时不便按设计基准直接进行测量，就要选择另一个合适的表面作为测量基准，以间接保证设计尺寸，为此，需要进行有关工序尺寸的计算。

【例 4-3】 如图 4-16(a)所示的零件，要求在顶面铣直角槽，并保证槽深为 $25^{+0.4}_{+0.05}$ mm(设计尺寸)，若尺寸 $A_1=60^{+0.2}_{0}$ mm 在上道工序中已经获得，本工序铣槽时由于槽深不便测量，便直接以 1 面定位保证尺寸 A_2，求测量尺寸 A_2 应为多少？并进行假废品分析。

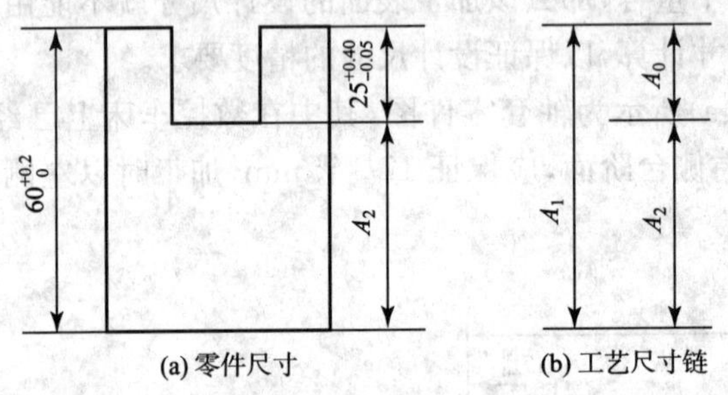

图 4-16 铣直角槽零件时测量尺寸的计算

解：

①根据加工过程可得工艺尺寸链如图 4-16(b)所示。其中 A_0 为封闭环。

根据尺寸链计算公式求得测量尺寸：

$$A_2=35^{-0.05}_{-0.2}\ mm$$

②假废品分析：在按上述测量尺寸 $A_2=35^{-0.05}_{-0.2}$ mm 测量工件时，A_2 的实际尺寸若小于下极限尺寸 34.8 mm，测得为 34.8−0.2=34.6 mm，将认为该零件为废品。但通常检验人员还需测量另一个组成环尺寸 A_1，如果 A_1 刚巧加工到下极限尺寸 60 mm，此时，A_0 的实际尺寸为 60−34.6=25.4 mm，仍然合格。

同理，当 A_2 的实际尺寸超过上极限尺寸 34.95 mm，若测得 A_2 为 34.95+0.2=35.15(mm)，此时刚巧 A_1 也加工到上极限尺寸 60.2 mm，A_0 的实际尺寸为 60.2−35.15=25.05(mm)，仍然合格。

通过上述讨论可以得出：在实际加工中通过尺寸换算来间接保证封闭环的要求，必须提高组成环的加工精度，增加了加工的难度，因此，工艺上应尽量避免测量上的尺寸换算；其次，通过尺寸换算来间接保证封闭环的要求，如果换算后的测量尺寸被测出超差，但只要它的超出量小于另一组成环的公差，则有可能出现“假废品”，应对零件进行复检，即逐一进行尺寸测量并计算出零件的实际尺寸，由此来判断零件合格与否。

4.6　工艺路线的拟订

工艺路线的拟订是制订工艺规程的关键，工艺路线的合理与否，不但影响到零件的加工质量和效率，而且还影响到工人的劳动强度、设备投资、车间面积和生产成本等问题，必须严谨对待。工艺路线的拟订主要包括：表面加工方法及方案的选择、定位基准的选择、加工阶段的划分、加工顺序的安排、工序内容的拟定以及选择设备与工艺装备等。

4.6.1　表面加工方法的选择

表面加工方法和方案的选择，应同时满足加工质量、生产率和经济性等方面的要求。选择加工方法时应考虑以下因素：

(1)加工材料的性质。对于淬火钢精加工应选择磨削；对于有色金属的零件，精加工为避免磨削时堵塞砂轮，则应选择高速精细车或金钢镗。

(2)零件的结构形状、尺寸大小。例如对于IT7级精度的孔，采用镗削、铰削、拉削和磨削均可达到要求。但箱体上的孔，一般不宜选择拉孔和磨孔，而常选择镗孔和铰孔；孔径大时选择镗孔，孔径小时可选择铰孔。

(3)生产类型即考虑生产率和经济性的问题。选择加工方法要与生产类型相适应，例如大批大量生产时，孔可采用钻、扩、拉削，平面采用铣削、磨削，这些方法都能大幅度地提高生产率，取得很好的经济效益。但是，在年生产量不大的条件下，不要盲目采用高效率加工方法及专用设备，否则会因设备利用率不高，造成经济上的损失。

(4)本厂的具体生产条件。应充分利用本厂现有设备，挖掘企业潜力，发挥工人的积极性和创造性。同时，要注意设备负荷的平衡，避免设备的负荷过大而影响生产计划的完成。

此外，选择加工方法时还应考虑一些其他因素，例如，工件的形状和重量，以及表面的物理、机械性能要求等。

4.6.2　加工阶段的划分

1. 各加工阶段的划分及其主要任务

对于加工质量要求较高的零件，工艺过程应分阶段进行。按工序的性质不同，零件的加工过程常可分为粗加工、半精加工、精加工和光整加工四个阶段。

(1)粗加工阶段。主要是切除毛坯上大部分多余的金属，使毛坯在形状和尺寸上接近零件成品，为半精加工和精加工做准备；其次还为以后的工序提供精基准。在此阶段主要以提高生产率为主。

(2)半精加工阶段。使主要表面达到一定的精度，留一定的精加工余量，为主要表面的精加工(如精车、精磨)做好准备。并可以完成一些次要表面加工，例如扩孔、攻螺纹、铣键槽等。

(3)精加工阶段。完成各主要表面的最终加工，使零件的各主要表面达到图样规定的尺寸精度、形位精度及表面粗糙度要求。

(4)光整加工阶段。对零件上表面粗糙度要求很高(IT6级以上，粗糙度 Ra 值为 0.2 μm以下)的表面，需进行光整加工，该阶段的主要目的是提高表面质量，一般不能用于提高形状精度和位置精度。常用的加工方法有金刚车(镗)、研磨、珩磨、超精加工、镜面磨、抛光及滚压等。

一般说来，工件精度要求越高、刚性越差，划分阶段应越细；当工件批量小、精度要求不高、工件刚性较好时也可以不分或少分阶段；重型零件由于输送及装夹困难，一般在一次装夹中完成粗、精加工。

2. 划分加工阶段的原因

(1)保证加工质量。在粗加工阶段，切除的金属层较厚，切削力和夹紧力都比较大，切削温度也高，将引起较大的变形。若将粗、精加工混在一起，就会引起较大的加工误差。另外，划分加工阶段也可将粗加工造成的加工误差，通过半精加工和精加工来纠正，从而保证零件的加工质量。

(2)合理使用机床设备。粗加工余量大，切削用量大，可采用功率大、刚性好、效率高而精度低的机床。精加工切削力小，可采用高精度机床，以发挥设备的各自特点，这样既能提高生产效率，又能延长精密设备的使用寿命。

(3)及时发现问题。对毛坯的各种缺陷，如铸件的气孔、夹砂和余量不足等，在粗加工后即可发现，便于及时修补或报废，以免继续加工造成工时浪费。

(4)便于安排热处理工序。为了在机械加工工序中插入必要的热处理工序，同时使热处理发挥充分的效果，这就自然而然地把机械加工工艺过程划分为几个阶段。通常，在机械加工之前安排毛坯热处理；在粗加工与半精加工之间安排预备热处理；在精加工前后安排最终热处理，最后再进行光整加工。

4.6.3 工序的集中与分散

零件在加工过程中安排工序数量的多少，可遵循工序集中或分散的原则来确定。工序集中就是零件的加工集中在少数工序内完成，而每一道工序的加工内容却很多；工序分散则相反，整个工艺过程中工序的数量多，每一道工序的加工内容却很少。

在拟订工艺路线时，工序是集中还是分散，即工序数量是多还是少，主要取决于生产规模和零件的结构特点以及技术要求。一般情况下，单件小批生产时，多将工序集中；大批生产时，既可以采用多刀、多轴等高效机床将工序集中，也可以将工序分散后组织流水线生产。

1. 工序集中的特点

(1)采用高效专用设备及工艺装备，生产率高。

(2)工件一次安装可以完成多个表面的加工。这样可以较好地保证这些表面间的位置精度；可以减少安装工件的次数和辅助时间，同时减少了工件在机床之间的搬运次数，有利于缩短生产周期。

(3)可以减少机床的数量，并相应地减少操作工人，节省车间面积，简化生产计划和生产组织工作。

(4)因采用结构复杂的专用设备及工艺装备，使投资加大，调整和维修不方便，生产准备工作量大，新产品转换比较费时。

2. 工序分散的特点

(1)机床设备及工艺装备比较简单，调整维修容易，生产准备工作量少，能较快地更换产品。

(2)生产工人易于掌握生产技术，对工人的技术水平要求也较低。

(3)设备数量多、操作工人多、生产面积大。

工序集中和工序分散各有利弊，应根据生产类型、现有生产条件和技术要求等综合分析后选用。单件小批生产多采用工序集中，而大批大量生产则可以集中，也可以分散。对于重型零件，工序应当集中；对于刚性差且精度高的精密工件，工序应适当分散。目前的发展趋势是工序集中。

4.6.4 加工顺序的安排

一个零件往往有多个表面需要加工，这些表面不仅本身有一定的尺寸精度要求，而且各个表面之间还有一定的位置要求。为了达到这些精度要求，各表面的加工顺序就不能随意安排，而必须遵循下面的几个原则：

1. "基准先行，先基面后其他"的原则

用作精基准的表面，应优先加工。因为定位基准的表面越精确，装夹误差就越小，所以任何零件的加工过程，总是首先对定位基准面进行粗加工和半精加工，必要时，还要进行精加工。例如，轴类零件总是先加工中心孔，再以中心孔作为精基准加工外圆表面和端面；齿轮类零件总是先加工内孔及端面，再以内孔及端面作为精基准，粗、精加工齿形面。对于一般零件，因平面尺寸较大，定位稳定可靠，常用作精基准，也宜优先加工。

2. "先粗后精"的原则

即先安排粗加工，中间安排半精加工，最后安排精加工或光整加工，这样才能逐步提高加工表面的精度和减小表面粗糙度。

3. "先主后次"的原则

即先安排主要表面的加工，后安排次要表面的加工。主要表面通常指的是位置精度要求较高的基准面、工作表面等；次要表面则指的是要求较低，对零件整个工艺过程影响较小的辅助表面，例如键槽、螺纹等。由于次要表面加工工作量小，又常与主要表面有位置精度要求，所以一般是先加工主要表面，再以主要表面定位加工次要表面，最后完成主要表面的精加工。

4. "先易后难，先面后孔"的原则

先加工平面，容易为孔的加工提供稳定可靠的精基准，也可以改善孔的加工条件。例如箱体、支架和连杆等零件，应先以孔定位粗加工平面，再以平面定位加工孔。这样安排加工顺序，一方面是用加工过的平面定位稳定可靠，有利于保证孔与平面的位置精度；另一方面是以加工过的平面定位加工孔比较容易，有利于提高孔的加工精度，特别是钻孔，孔的轴线不易偏斜。

4.6.5 热处理工序的安排

机械零件常用的热处理工艺：退火、正火、调质、时效、淬火、回火、渗碳及氮化等。热处理工艺的安排主要取决于零件的材料和热处理的目的。一般可分为：

1. 毛坯热处理

安排在机械加工之前，主要目的是改善工件的切削加工性能，消除毛坯制造时的内应力，为最终热处理作准备。主要包括退火、正火、时效等。例如，含碳量大于0.7%的碳钢或合金钢，为了降低硬度以利于切削，常采用退火处理；含碳量低于0.3%的低碳钢或低碳合金钢，为避免硬度过低切削时粘刀，常采用正火处理以提高硬度。退火处理和正火处理常安排在毛坯制造之后，粗加工之前。

2. 预备热处理

预备热处理主要包括调质、时效，其目的是为了改善工件的物理机械性能，消除内应力。

调质处理即淬火后的高温回火，能得到均匀细致的索氏体组织，为以后表面淬火和氮化处理时减少变形，做好组织准备。调质处理常安排在粗加工之后和半精加工之前。

时效处理主要用于消除毛坯制造和机械加工中产生的内应力。对于一般的铸件，常在粗加工后安排一次时效处理；但对于高精度的零件，应在半精加工后再安排一次时效处理。

3. 最终热处理

最终热处理包括各种淬火、回火、渗碳淬火和氮化处理等。这类热处理的目的，主要是提高零件材料的硬度和耐磨性，常安排在精加工前后。

淬火处理分为整体淬火和表面淬火两种，其中表面淬火应用较多。

渗碳淬火处理适用于低碳钢和低合金钢，其目的是使零件表层含碳量增加，获得很高的硬度和耐磨性，而心部仍保持较高的强度、韧性及塑性。由于渗碳淬火变形大，且渗碳层深度一般仅为 0.5～2 mm，所以，渗碳淬火应在半精加工和精加工之间进行。

氮化处理是通过氮原子的渗入使表层获得含氮化合物，以提高零件硬度、耐磨性、抗疲劳强度和耐腐蚀性。由于渗氮温度低，工件变形小，渗氮层较薄，因此渗氮工序应安排在精加工之后，光整加工之前进行。

4.6.6 辅助工序的安排

辅助工序较多，包括检验、去毛刺、倒棱、倒圆、清洗、去磁、涂防锈油等。辅助工序也是必要的工序，如安排不当，将会给后续工序和装配带来困难，影响产品质量。

检验工序是主要的辅助工序，它对保证产品质量和防止产生废品起到重要作用。除了在每道工序中操作者自检外，还必须在下列情况下单独地安排检验工序：

(1)粗加工阶段结束之后；

(2)关键工序前后；

(3)零件从一个车间转到另一个车间前后；

(4)零件全部加工结束之后。

有些特殊的检验，如探伤等检查工件内部质量，一般都安排在精加工阶段。

4.7 数控加工工艺设计

数控加工工艺是机械加工工艺的一部分，在设计零件的数控加工工艺时，应遵循普通加工工艺的基本原则与方法，同时还需考虑数控加工本身的特点和零件编程要求。

数控机床加工与普通机床加工在方法与内容上很相似，不同之处在于加工过程的控制方式。普通机床由于用手动方式来控制，在操作上随机性很强，一般不需工艺人员在设计工艺规程时进行过多的规定，零件的尺寸精度也可保证。而数控机床在加工时，全部工艺信息是记录在控制介质上，它基本无随机性。由此可见，要实现数控加工，工艺与程序起着主要作用。

4.7.1 数控加工工艺的基本内容

1. 数控加工内容的选择原则

某个零件决定用数控机床加工后，并不意味着该零件所有的加工内容都要采用数控加工，它仅是毛坯到成品的整个工艺过程中几道数控加工工序的概括，因此，有必要对零件图样进行仔细分析，并结合实际生产情况，本着提高生产率和充分发挥数控加工优势的原则，选择那些

最适合数控加工的内容和工序。一般可按下列原则选择数控加工内容:

(1)普通机床无法加工的内容应作为优先选择的内容。

(2)普通机床难加工,质量也难以保证的内容应作为重点选择内容。

(3)普通机床加工效率低、工人手工操作劳动强度大的内容,可在数控机床尚存富余能力的基础上进行选择。

2. 数控加工工艺性分析

数控机床加工工艺涉及面广、影响因素较多,因此必须根据数控机床的性能特点、应用范围对零件加工工艺进行分析。

(1)对零件数控加工的可能性分析。对零件毛坯材质本身的力学性能、热处理状态、毛坯外形的可安装性及加工余量状况进行分析,为刀具材料和切削用量的选择提供依据。

(2)对刀具运动轨迹的可行性分析。零件毛坯外形和内腔是否有碍刀具定位、运动和切削,必要时可进行刀具检测,为刀具运动路线的确定和程序设计提供依据。

(3)对零件加工余量的状况分析。分析毛坯是否留有足够的加工余量,孔加工部位是通孔还是盲孔,有无沉孔等,为刀具选择、加工安排和加工余量分配提供依据。

(4)对零件图样尺寸的标注方法分析。若零件的尺寸分散地从设计基准引注,这样的标注将会给工序安排、加工、坐标计算和数控编程带来许多麻烦。而数控加工零件图样则要求从同一基准引注尺寸或直接给出相应的坐标值。

(5)对构成零件轮廓的几何元素分析。采用手工编程时要计算构成零件轮廓的每一个节点坐标;自动编程时要对构成零件轮廓的所有几何元素进行定义。如果零件设计人员在设计过程中忽略某些几何元素,出现条件不充分或模糊不清的问题,可能使编程无法进行。

(6)对零件结构工艺性的分析。零件的外形、内腔是否可以采取统一的几何类型或尺寸,尽可能减少刀具数量和换刀次数,例如,在设计轴类工件轴肩退刀槽时,应将宽度尺寸设计一致以减少换刀次数;零件内槽圆角的大小决定着刀具直径的大小,因而内槽圆角半径不应设计过小;零件槽底圆角半径不宜过大,圆角半径越大,铣刀铣削平面的面积越小,加工表面的能力相应减小。

(7)通过工艺分析选择合适的加工方案。对于同一零件由于安装定位的方式、刀具的配备、加工路线的选取、工件坐标系的设置以及生产规模等的差异,可能会出现多种加工方案,根据零件的技术要求选择经济、合理的加工工艺方案。

3. 数控加工工序的划分

在数控机床上加工,一般按工序集中原则划分工序。其划分方法如下:

(1)按安装次数划分工序。以一次安装完成的那一部分工艺过程为一道工序。该方法一般适合于加工内容不多、加工完毕就能达到待检状态的工件。图 4-17 所示的凸轮零件,其两端面、$R38$ 外圆以及 $\phi22$H7 和 $\phi4$H7 两孔均在普通机床上加工,然后在数控铣床上以加工过的两个孔和一个端面定位安装,在一道工序内铣削凸轮剩余的外表面轮廓。

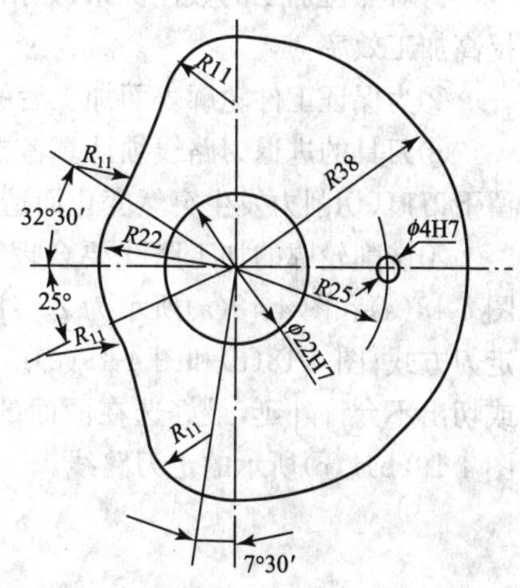

图 4-17 凸轮零件图

(2)按所用刀具划分工序。以同一把刀具完成的那一部分工艺过程为一道工序。这种方法适用于工件的待加工表面较多,机床连续工作时间过长,加工程序的编制和检查难度较大等情况。在专用数控机床和加工中心上常用这种方法划分工序。

(3)按粗、精加工划分工序。考虑工件的加工精度要求、刚度和变形等因素来划分工序时,可按粗、精加工分开的原则来划分工序,即以粗加工中完成的那部分工艺过程为一道工序,精加工中完成的那部分工艺过程为另一道工序。一般来说,在一次安装中不允许将工件的某一表面粗、精不分地加工至精度要求后,再加工工件的其他表面。

(4)按加工部位划分工序。以完成相同型面的那一部分工艺过程为一道工序。有些零件加工表面多而复杂,构成零件轮廓的表面结构差异较大,可按其结构特点(如内型腔、外形、曲面或平面等)划分成多道工序。

综上所述,在划分工序时,一定要根据零件的结构与工艺性、机床的功能、零件数控加工内容的多少、安装次数以及生产组织等实际情况灵活掌握。

4. 数控加工工序的设计

数控加工工序一般都穿插于零件加工工艺过程的中间,因此在工序安排过程中一定要兼顾普通常规工序的安排,使之与整个工艺过程协调吻合,若衔接不好就会出现矛盾。较好的解决办法是建立工序间的状态要求,例如,是否预留加工余量、定位面与孔的精度要求、几何公差、热处理要求等,都需前后兼顾、统筹安排。

数控加工工艺路线的制订与普通机械加工的工艺路线拟定非常相似,可参考书中 4.6 节内容。

数控加工工序设计的主要任务是为每一道工序选择夹具、刀具及量具,确定定位夹紧方案、走刀路线与工步顺序、加工余量、切削用量等,为编制加工程序做好充分准备。

(1)走刀路线和工步顺序的确定。走刀路线是刀具在整个加工工序中相对于工件的运动轨迹,它不但包括了工步的内容,而且也反映出工步的顺序。走刀路线是编写程序的依据之一。因此,在确定走刀路线时最好画一张工序简图,将已经拟定出的走刀路线画上去(包括进、退刀路线),这样可为编程带来很多方便。

工步顺序是指同一道工序中,各个表面加工的先后次序。它对零件的加工质量、加工效率和数控加工中的走刀路线有直接影响,应根据零件的结构特点和工序的加工要求等合理安排。工步的划分与安排可随走刀路线来进行,在确定走刀路线时,主要考虑以下几点:

①对点位加工的数控机床,如钻、镗床,要考虑尽可能缩短走刀路线,以减少空行程时间,提高加工效率。

②为保证工件轮廓表面加工后的粗糙度要求,最终轮廓应安排一次走刀连续加工。

③刀具的进退刀路线须认真考虑,要尽量避免在轮廓处停刀或法向切入、切出工件,以免留下刀痕(切削力发生突然变化而造成弹性变形)。

④铣削轮廓的加工路线要合理选择,一般采用图 4-18 和图 4-19 所示的三种走刀方式:图 4-18(a)和图 4-19(a)所示为 Z 字形双方向走刀方式;图 4-18(b)和图 4-19(b)所示为单方向走刀方式;图 4-18(c)和图 4-19(c)所示为环形走刀方式。在铣削封闭的凹轮廓时,刀具的切入或切出不允许外延,最好选在两面的交界处,否则,会产生刀痕。为保证表面质量,最好选择图 4-19(b)、(c)所示的走刀路线。

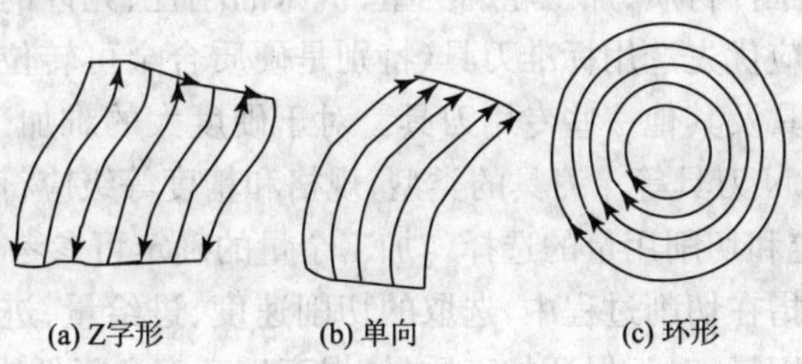

图 4-18　轮廓加工的走刀方式

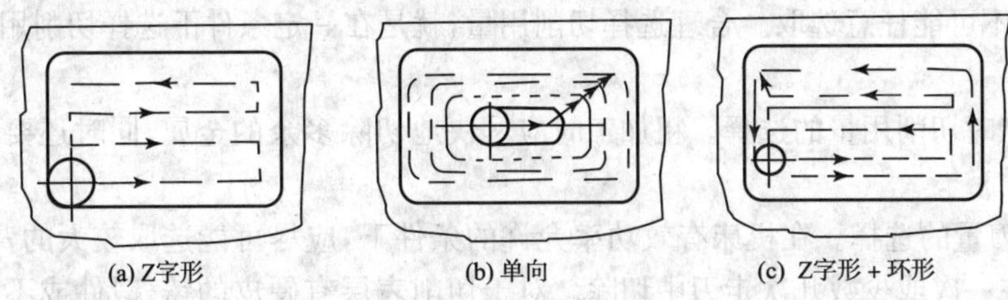

图 4-19　最短加工路线

⑤回转体零件的加工一般采用数控车或数控磨床加工，由于车削零件的毛坯多为棒料或锻件，加工余量大且不均匀，因此合理制定粗加工的加工路线，对于编程至关重要。

(2)工件的安装与夹具的选择。

①工件安装的基本原则。在数控机床上安装工件的原则与普通机床相同，也要合理地选择定位基准和夹紧方案。为了提高数控机床的效率，在确定定位基准与夹紧方案时应注意以下几点：

• 力求设计基准、工艺基准与编程计算的基准统一；

• 尽量减少装夹次数，尽可能在一次定位装夹后就能加工出全部待加工表面；

• 避免采用占机人工调整式方案，以充分发挥数控机床的效能。

②夹具的选择。数控加工的特点对夹具提出了两个基本要求：一是要保证夹具的坐标方向与机床的坐标方向相对固定；二是要能协调零件与机床坐标系的尺寸关系。除此之外，还应考虑以下几点：

• 当零件加工批量不大时，应尽量采用组合夹具、可调夹具和其他通用夹具，以缩短准备时间、节省生产费用；

• 在成批生产时应优先采用专用夹具，并力求结构简单；

• 夹具要敞开加工部位，夹具的定位元件、夹紧机构不能影响加工中的进给；

• 装卸零件要快速、方便、可靠，以缩短准备时间，批量较大时应考虑采用气动或液压夹具、多工位夹具。

(3)刀具的选择。刀具的选择是数控加工工序设计的重要内容之一，它不仅影响机床的加工效率，而且直接影响零件的加工质量。另外，数控机床主轴转速比普通机床高 2～3 倍甚至更多，且主轴输出功率大，与传统加工方法相比，数控加工对刀具的要求更高，不仅要求精度高、强度大、刚度好、耐用度高，而且要求尺寸稳定、安装调整方便。这就要求采用新型优质材料制造的数控加工刀具，并合理选择刀具结构和几何参数。

刀具的选择应考虑工件材质、加工轮廓类型、机床的刚性、允许的切削用量以及刀具耐用度等因素。一般情况下应优先选用标准刀具(特别是硬质合金可转位刀具),必要时也可采用各种高生产率的复合刀具及其他一些专用刀具。对于硬度大的难加工工件,可选用整体硬质合金刀具、陶瓷刀具、CBN 刀具等。刀具的类型、规格和精度等级应符合加工要求。

(4)加工余量的确定和切削用量的选择。加工余量的确定可参考 4.4 节,在此不再赘述。

切削用量的选择是指在切削过程中,选取的切削速度、进给量、进给速度和背吃刀量的具体数值。合理选择切削用量,对于保证加工质量、提高生产率和降低成本具有重要作用。提高切削速度、加大进给量和背吃刀量,都使得单位时间内金属的切除量增多,因而都有利于生产率的提高。但实际上它们受工件材料、加工要求、刀具耐用度、机床动力、机床和工件的刚性等因素的限制,不可能任意选取。合理选择切削用量,就是在一定条件下选择切削用量三要素的最佳组合。

①粗加工时切削用量的选择。粗加工时应尽快地切除多余的金属,同时还要保证规定的刀具耐用度。

• 背吃刀量的选择。在机床有效功率允许的条件下,应尽可能选取较大的背吃刀量,使大部分余量在一次或少数几次走刀中切除。对于切削表层有硬皮的铸、锻件或不锈钢等加工硬化较严重的材料,应尽量使背吃刀量越过硬皮或硬化层深度。

• 进给量的选择。根据机床—夹具—工件—刀具组成的工艺系统的刚性,尽可能选择较大的进给量。

• 切削速度的选择。根据工件材料和刀具材料确定切削速度,使之在已选定的背吃刀量和进给量的基础上能够达到规定的刀具耐用度。粗加工的切削速度一般选用中等或较低的数值。

②精加工时切削用量的选择。精加工时,首先应保证零件的加工精度和表面质量,同时也要考虑刀具耐用度和获得较高的生产率。

• 背吃刀量的选择。精加工通常选用较小的背吃刀量来保证加工精度。

• 进给量的选择。进给量的大小主要依据表面粗糙度的要求选取,表面粗糙度 Ra 的数值较小时,一般选取较小的进给量。

• 切削速度的选择。精加工的切削速度选择首先应避开积屑瘤形成的切削速度区域。通常情况下,硬质合金刀具采用较高的切削速度,高速钢刀具则采用较低的切削速度。

在切削过程中,限制切削用量的因素主要是刀具耐用度、加工质量和机床功率等。为此,一方面可在现有的机床上使用耐热性和耐磨性更高的新型刀具材料,改进刀具的结构,提高刀具刃磨质量,正确选择和使用切削液,改善工件材料的切削加工性;另一方面使用功率大、刚性好的机床,以便采用高速切削和强力切削。

(5)对刀点与换刀点的确定。对刀点与换刀点的确定,是数控加工工艺分析的重要内容之一。"对刀点"是数控加工时刀具相对工件运动的起点,又称"起刀点",也就是程序运行的起点。对刀点选定后,即确定了机床坐标系和工件坐标系之间的相互位置关系。

刀具在机床上的位置是由"刀位点"的位置来表示的。不同结构的刀具,其刀位点亦不同,例如平头立铣刀、端铣刀的刀位点为它们的底面中心;钻头的刀位点为钻尖;球头铣刀的刀位点为球心;车刀、镗刀类刀具的刀位点为其刀尖。

对刀点找正的准确度直接影响工件的加工精度,对刀时,应使"刀位点"与"对刀点"一致。对刀点可选在工件或夹具上,具体的选择原则主要是考虑对刀点在机床上对刀方便、便于观察和检测，编程时便于数学处理和有利于简化编程。为提高零件的加工精度，减少对刀误差，对刀点应尽量选在零件的设计基准或工艺基准上，如以孔定位的工件，应将孔的中心作为对刀点；对车削加工，则通常将对刀点设在工件外端面的中心上。

对于数控车床、镗铣床、加工中心等多刀加工数控机床，在加工过程中需要进行换刀，故编程时应考虑不同工序之间的换刀位置(即换刀点)。为避免换刀时刀具与工件及夹具发生干涉，换刀点应设在工件外部较为安全的位置。

4.7.2 数控加工工艺文件的制订

数控加工工艺文件不仅是进行数控加工和产品验收的依据，也是操作者遵守和执行的规程，同时还为产品零件重复生产积累了必要的工艺资料，完成了技术储备。这些技术文件是对数控加工的具体说明，目的是让操作者更加明确加工程序的内容、装夹方式、各个加工部位所选用的刀具及其他技术问题。该文件包括了编程任务书、数控加工工序卡、数控刀具卡片、数控加工程序单等。

由于数控加工工序一般均穿插在零件加工的整个过程中，因此，数控加工工艺文件也是零件加工的整个工艺文件的一部分，也应遵循整个零件工艺规程的格式进行编号统一归档。

1. 数控加工编程任务书

编程任务书阐明了工艺人员对数控加工工序的技术要求、工序说明以及数控加工前应保证的加工余量，是编程人员与工艺人员协调工作和编制加工程序的重要依据之一，如表 4-5 所示。

表 4-5 编程任务书

<table>
<tr><td rowspan="3" colspan="2">单 位</td><td rowspan="3" colspan="4">数控编程任务书</td><td colspan="2">产品零件图号</td><td colspan="2"></td><td>任务书编号</td></tr>
<tr><td colspan="2">零件名称</td><td colspan="2"></td><td></td></tr>
<tr><td colspan="2">使用数控设备</td><td colspan="2"></td><td>共 页 第 页</td></tr>
<tr><td rowspan="2" colspan="6">主要工序说明及技术要求</td><td colspan="2">编程收到日期</td><td>月 日</td><td>经手人</td><td></td></tr>
<tr><td colspan="2"></td><td></td><td></td><td></td></tr>
<tr><td>编制</td><td></td><td>审核</td><td></td><td>编程</td><td></td><td>审核</td><td></td><td>批准</td><td></td><td></td></tr>
</table>

2. 数控加工工序卡片

此类卡片是编制加工程序的主要依据，是操作人员结合数控程序进行数控加工的主要指导性工艺文件。工序简图上应标明编程原点和起刀点，要有编程说明及切削参数的选择等，如表 4-6 所示。

3. 数控加工刀具卡片

此类卡片是组装刀具和调整刀具的依据。它主要包括刀具号、刀具名称、刀柄型号、刀具的直径和长度等内容，如表 4-7 所示。

4. 数控加工程序单

此类程序单是编程人员根据工艺分析、数值计算，按照机床系统特点的指令代码编制的。

它是记录数控加工工艺过程、工艺参数、位移数据清单以及手动数据输入实现数控加工的主要依据，如表 4-8 所示。

表 4-6 数控加工工序卡片

单位	数控加工工序卡		产品名称或代号				零件名称		零件图号
工序简图			车 间				使用设备		
			工艺序号				程序编号		
			夹具名称				夹具编号		
工步	工步内容		加工面	刀具号	刀补量	主轴转速	进给速度	背吃刀量	备注
标记	处数	通知单编号	签字	日期		设计	审核	会签	批准日期

5. 数控机床调整卡片

此类卡片是机床操作人员加工前调整机床和安装工件的依据，如表 4-9 所示。

表 4-7 数控加工刀具卡片

数控加工刀具卡			产品型号		零件图号			合同号	共 页
单 位			产品名称		零件名称				第 页
机床型号		机床名称		调刀设备型号				调刀工	
程序编号		工序号		工序名称				磨刀工	
序号	刀具号(H)	刀具规格、名称及标准号	刀柄型号	刀具补偿量				工步号	备 注
				长度 mm	长度补偿地址(H)	半径值 mm	半径补偿地址(D)		
标记	处数	通知单编号	签字	日期	设计	审核	会签	批准日期	

表 4-8　数控加工程序单表

数控加工程序单				产品型号		零件图号		合同号	共　页
单　位				产品名称		零件名称			第　页
机床型号		机床名称		夹具编号		夹具名称		切削液	
工序号		工序名称							
程序编号			存盘路径与名称						
语句编号	语句内容						备　注		

标记	处数	通知单编号	签字	日期	设计	审核	会签	批准日期

表 4-9　数控机床调整卡片

数控机床调整卡片				产品型号		零件图号		合同号	共　页
单　位				产品名称		零件名称			第　页
机床型号		机床名称		夹具编号		夹具名称		切削液	
工装调整									
工件原点位置说明									
所用标准程序									
特殊补偿									
程序选用参数									
其他									

标记	处数	通知单编号	签字	日期	设计	审核	会签	批准日期

思考与复习题

1. 什么是工艺规程？它在生产中有哪些作用？

2. 简述毛坯的选择原则。

3. 选择工件的粗、精基准应遵循哪些基本原则？为什么粗基准一般只能使用一次？

4. 图 4-20 所示为用定位套加工时，图纸要求保证尺寸 6±0.1，因这一尺寸不便直接测量，只好通过度量尺寸 L 来间接保证，试求工序尺寸 L。

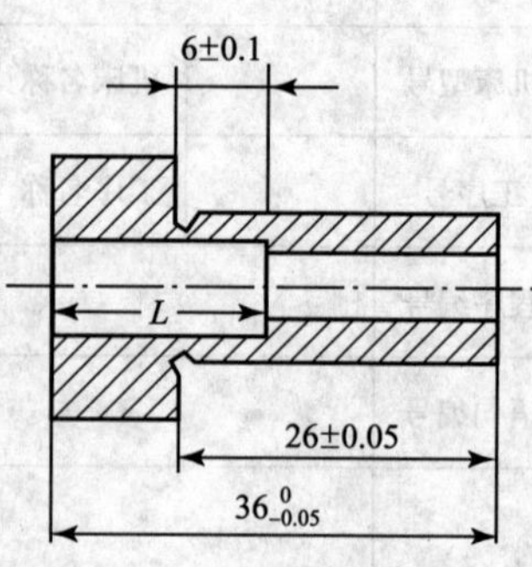

图 4-20 定位套

5. 拟定零件工艺路线包括哪些内容？工序划分的原则是什么？

6. 工序集中和工序分散各有哪些特点？分别适用于什么场合？

7. 数控加工工艺的内容有哪些？

8. 数控加工的工艺特点有哪些？

9. 在确定数控加工走刀路线时，应考虑哪些内容？

5 数控车削加工工艺

5.1 数控车削的加工对象和加工工艺特点

5.1.1 数控车床的主要加工对象

数控车削是数控加工中使用最多的加工方法之一。由于数控车床具有加工精度高、能做直线和圆弧插补(有的还具有非圆曲线插补功能)以及自动化程度高等特点,与传统车床相比,数控车床的工艺范围比较宽。针对数控车床的特点,下列几种零件最适合数控车削加工。

1. 表面精度要求高的回转体零件

由于数控车床的刚性好,制造和对刀精度高,能方便和精确地进行人工补偿甚至自动补偿,所以能够加工尺寸精度要求高的零件;同时由于刀具运动是通过高精度插补运算和伺服驱动来实现的,它能加工对母线直线度、圆度、圆柱度要求高的零件。对于圆弧及其他曲线轮廓来说,加工出的形状与图样上所要求的几何形状的接近程度比用仿形车床要高得多。另外工件的一次装夹可完成多个表面的加工,提高了加工工件的位置精度。

2. 表面粗糙度小的回转体零件

数控车床能加工出表面粗糙度小的零件,不仅是因为机床具有较高的回转速度,还由于它具有恒线速度切削功能。在材质、精车余量和刀具已定的情况下,表面粗糙度取决于进给量和切削速度。切削速度的变化,使得车削后的表面粗糙度不一致,使用恒线速度切削功能,在不同回转直径的表面处切削速度相同,可以保证锥面、球面和端面等加工面经车削后的表面粗糙度值既小又一致。同时还能加工各部位表面粗糙度不一致的零件,表面粗糙度要求低的部位用较大进给量;表面粗糙度要求高的部位用较小进给量。

3. 表面形状复杂的回转体零件

数控车床具有直线和圆弧插补功能,可以车削由任意直线和曲线组成的形状复杂的回转体零件。图 5-1 所示为壳体零件封闭内腔的成形面,在卧式车床上是无法加工的,而在数控车床上则很容易地加工出来。

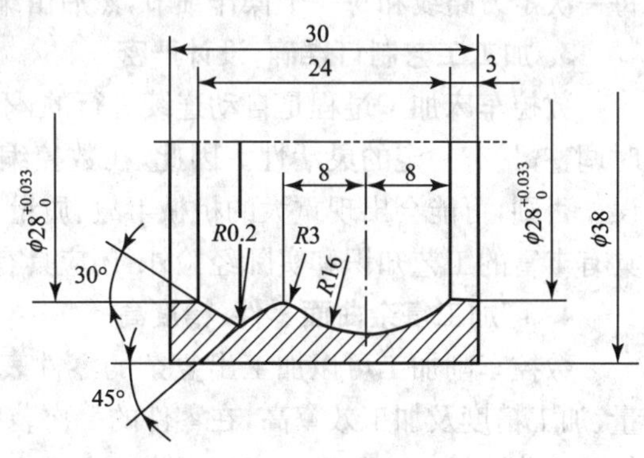

图 5-1　成形内腔零件简图

4. 带有特殊类型螺纹的回转体零件

卧式车床所能车削的螺纹种类十分有限,它只能车削等导程直(锥)面、公(英)制螺纹,而且一台车床只能限定加工若干种导程的螺纹。数控车床不但能车任何等导程的直、锥和端面螺纹,而且能车增导程、减导程,以及要求等导程与变导程之间平滑过渡的螺纹。车削螺纹时主轴转向不必像卧式车床那样交替变换，它可以按给定的轨迹不停顿地循环加工，直到完成为止，所以其车削螺纹的效率很高。数控车床可以配备精密螺纹切削功能，再加上一般采用硬质合金成形刀片，车削出来的螺纹精度高、表面粗糙度小。

5. 超精密、超低表面粗糙度的零件

对于磁盘、录像机磁头、激光打印机的多面反射体、复印机的回转鼓，以及隐形眼镜等要求超高的轮廓精度和超低的表面粗糙度值的产品都适合在高性能的数控车床上加工。以往很难加工的塑料散光用的透镜，现在也可以用数控车床来加工。超精密加工的轮廓精度可达到 0.1 μm，表面粗糙度达 Ra0.02 μm，超精加工所用数控系统的最小分辨率可达到 0.01 μm。

5.1.2 数控车削加工工艺的基本特点

在数控车床上加工零件，首先应该满足所加工零件要符合数控车削的加工工艺特点；其次要考虑到数控加工本身的特点、加工零件的范围、零件编程的要求、表面形状的复杂程度、夹具的配置、工艺参数及切削方法的合理选择等。数控车削加工工艺的基本特点如下所述：

1. 加工方案合理，设计周全

要充分发挥数控车床加工的自动化程度高、精度高、质量稳定、效率高的特点，除了选择适合在数控车床上加工的零件以外，还必须在编程前正确地选择合理、经济、完善、周全的加工方案。

数控车床加工零件时，工序必须集中，即在一次装夹中尽可能完成较多的表面加工。在进行工序划分时，应采用"刀具集中、先内后外、先粗后精"的原则，即将零件上能用同一把刀具加工的部位全部加工完成后，再换另一把刀具来加工；先加工零件的内表面，后加工外轮廓；确定合理的加工路径，以减少走刀、换刀次数，缩短空行程，减少不必要的定位误差；先粗加工后精加工，以提高零件的加工精度和表面粗糙度。

2. 加工工艺规程规范，内容明确

为了充分发挥数控车床的高效性，除选择合适的加工工件和必须掌握机床特性外，还应对零件的工序内容，例如加工部位、加工顺序、刀具配置与使用顺序、刀具轨迹、切削参数等表达内容要比普通车削加工工艺中的工序内容更详细、具体。加工工艺必须规范、明确，要详细到每一次走刀路线和每一个操作细节，然后由编程人员在编程时预先确定，并写入工艺文件。

3. 加工工艺制订准确，设计严密

数控车床加工过程是自动连续进行的，不像卧式车床那样在操作过程中出现问题可以随时调整，具有一定的灵活性。因此，在数控编程过程中，对零件图进行数学计算，要求准确无误。否则，可能会出现重大的机械事故、质量事故、甚至人身伤害等。因此要求编程人员除了具有丰富的工艺知识和实际经验外，还应具有细致、耐心、严谨的工作态度。

4. 可加工复杂曲面零件、精度高

数控车削加工可以加工出复杂的零件表面、特殊表面或有特殊要求的曲面，并且加工质量、加工精度及加工效率高，在零件的一次装夹中可以完成多个表面的多种加工，从而缩短了加工工艺路线。这是卧式车床无法与之相比的。

5. 加工工艺先进、装备精良

数控车床与普通车床相比不仅功率高、刚性好，而且数控加工中广泛采用先进的数控刀具、组合夹具等工艺装备，以满足加工中的高质量、高效率和高柔性的要求。

5.2 数控车削加工工艺分析

制订加工工艺是数控车削加工的前期工艺准备工作，制订加工工艺时应遵循一般的工艺原则并结合数控车床的特点，详细地制订出零件的数控车削加工工艺。其主要内容包括：分析零件图样；确定加工工序和工件的装夹方式；确定各表面的加工顺序和刀具的进给路线以及刀具、夹具和切削用量的选择等。

5.2.1 零件图的工艺性分析

在制订零件的加工工艺规程时，首先要对加工对象进行深入分析。分析零件图是加工工艺制订的首要工作，其主要内容包括：

1. 结构工艺性分析

在数控车床上加工零件时，应根据数控车削的特点，认真审视零件结构的合理性。零件结构工艺性分析主要包括两方面内容：审查与分析零件图样中的尺寸标注方法是否符合数控加工的特点；审查与分析在数控车床上加工时零件结构的合理性与经济性。例如图 5-2(a)所示的零件，其切槽需用三把不同宽度的切槽刀，如无特殊需要，显然是不合理的；若改成图 5-2(b)所示的结构，只需一把刀即可切出三个槽，这样既减少了刀具数量，降低了生产成本，又节省了换刀时间。

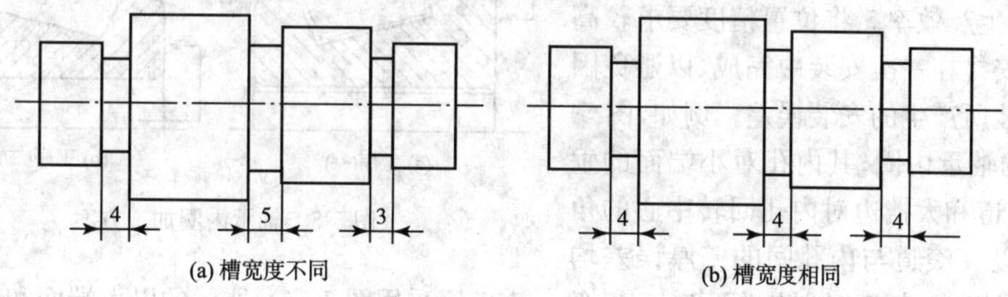

图 5-2 结构工艺性示例

2. 轮廓几何要素分析

首先要分析构成零件轮廓的几何要素的条件是否满足，有无模糊不清甚至多余的情况。然后在自动编程时，要对构成零件轮廓的所有几何元素进行定义；手工编程时，要计算出每个节点坐标，无论是哪一个点不明确或不确定，编程都无法进行。

图 5-3 所示为圆弧与斜线的关系要求为相切，但经计算后却为相交关系；在图 5-4 所示的图样中，给定的几何要素条件自相矛盾，给出的各段长度之和不等于总长。

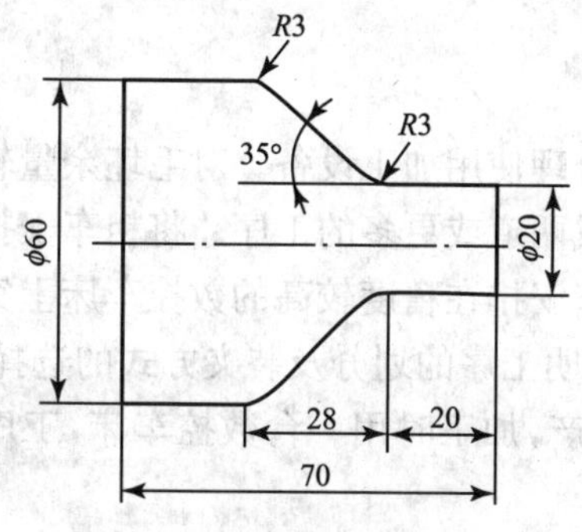

图 5-3 几何要素缺陷示例(一)

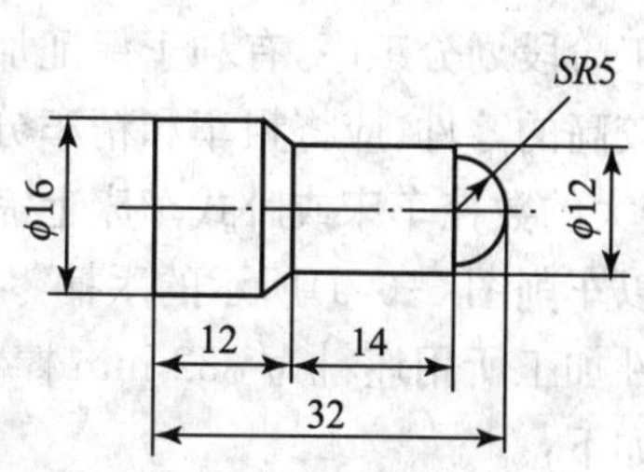

图 5-4 几何要素缺陷示例(二)

3. 技术要求分析

对被加工零件的技术要求进行分析，是零件工艺性分析的重要内容，其主要包括分析精度及各项技术要求是否齐全、是否合理与经济；分析本工序的数控车削加工精度能否达到图样要求，若达不到，需采取其他措施(如磨削)弥补，并应给后续工序留有余量；找出图样上有位置精度要求的表面，这些表面应在一次安装中完成；对表面粗糙度要求较高的表面，应确定用恒线速切削。只有在分析零件尺寸精度和表面粗糙度的基础上，才能对加工方法、装夹方式、刀具及切削用量进行正确而合理的选择。

5.2.2 工序和装夹方式的确定

由于数控车床可装 4 把、6 把、12 把、20 把刀，所以无论工件轮廓怎样复杂，无论毛坯是棒料还是铸、锻件，一般都能用两道工序完成车削加工。当然，先加工工件的哪一端、哪些部位，以及如何装夹工件都应根据图样的技术要求和数控车削的特点来选定。根据零件的结构形状不同，通常选择外圆与端面或内孔与端面装夹，并力求设计基准、工艺基准和编程原点三者统一。在批量生产中，常用以下几种方法划分工序：

1. 按安装次数划分工序

按安装次数划分工序，有利于保证加工表面间的相互位置精度，节省辅助时间，提高生产效率。将位置精度要求较高的表面安排在一次安装中完成，以避免因多次安装所产生的安装误差。例如，图 5-5 所示的轴承内圈，其内孔对小端面的垂直度、滚道和大挡边对内孔回转中心的角度误差以及滚道与内孔间的壁厚误差均有严格的要求，加工时划分为两道工序：第一道工序采用图 5-5(a)所示的以大端面和外径装夹的方案，将滚道、小端面及内孔等安排在一次安装中车出，很容易保证了上述的位置精度；第二道工序用图 5-5(b)所示的以内孔和端面装夹方案，车削外圆和大端面。

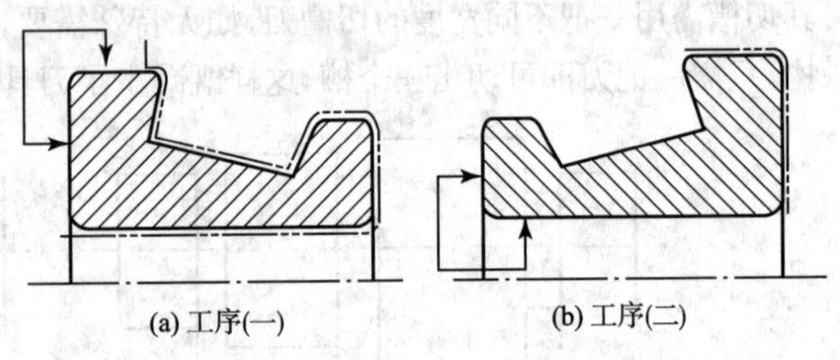

(a) 工序(一)　(b) 工序(二)

图 5-5　轴承内圈加工方案

2. 按加工程序划分工序

有些零件虽然能在一次安装中加工出很多待加工面，但考虑到程序太长，会受到某些限制，例如控制系统的限制，机床连续工作时间的限制等。此外，程序太长会增加出错率，查错与检索困难，因此程序不能太长。可以以一个独立、完整的数控程序连续加工的内容作为一道工序。在本工序内用多少把刀具，加工多少内容，主要根据控制系统的限制，机床连续工作时间的限制等因素考虑。

3. 按加工阶段划分工序

按加工阶段划分工序，有利于保证加工质量，合理使用加工设备。对毛坯余量较大和加工精度要求较高的零件，应将粗车和精车分开，划分成两道或更多的工序。将粗车安排在精度较低、功率较大的数控车床或卧式车床上完成，将精车安排在精度较高的数控车床上完成。

下面以车削图 5-6(a)所示的手柄零件为例，说明工序的划分及装夹方式的选择。

该零件加工所用坯料为 ϕ32 mm 棒料，批量生产，加工时用一台数控车床，工序的划分及装夹方式如下：

工序 1：车 ϕ12 mm 和 ϕ20 mm 两圆柱面及圆锥面(粗车掉 R42 mm 圆弧的部分余量)；换

刀后按总长要求留下加工余量切断，如图 5-6(b)所示。

工序 2：用 ϕ12 mm 外圆及 ϕ20 mm 端面装夹；车削包络 SR7 mm 球面的 30°圆锥面；对全部圆弧表面半精车（留少量的精车余量）；换精车刀将全部圆弧表面精车成型，如图 5-6(c)所示。

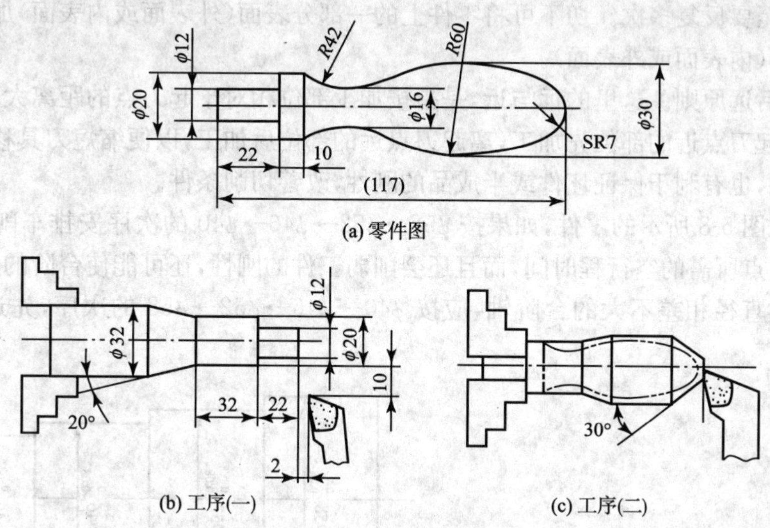

图 5-6　手柄加工示意图

综上所述，在数控加工划分工序时，一定要视零件的结构与工艺性、生产批量、机床特性、加工内容、程序大小、安装次数及本单位生产组织状况灵活掌握。什么零件宜采用工序集中的原则，什么零件宜采用工序分散的原则，也要根据实际情况来确定，但一定要力求合理、经济。

在制订零件加工工艺时，还要对工序的顺序进行合理的安排，一般要遵循以下原则：

(1)先加工定位面，即上道工序的加工能为后续工序提供精基准和合适的夹紧表面。制订零件的整个工艺路径就是从最后一道工序开始往前推，按照先行工序为后续工序提供基准的原则先大致安排。

(2)以相同定位、夹紧方式安装的工序，最好接连加工，以减少重复定位次数和夹紧次数。

(3)先加工简单的几何形状，再加工复杂的几何形状；先加工平面，后加工孔。

(4)对精度要求高，需粗、精分开进行加工的零件，先粗加工后精加工。

(5)中间如有通用机床加工工序的零件应综合考虑安排其加工顺序。

5.2.3　加工顺序的确定

为了合理优化加工过程，达到优质、高效、低成本的生产目的，制订零件车削加工顺序时应遵循以下原则：

(1)先粗后精原则。先粗后精是指按照粗车→半精车→精车的顺序进行加工，逐步提高工件的加工精度。为了提高生产效率，保证零件的加工质量，在切削加工过程中，应先安排粗加工工序，在较短的时间内，将大量的加工余量切除掉，保证精加工的余量均匀性要求。当粗加工后所留余量的均匀性满足不了精加工要求时，还应安排半精加工作为过渡性工序，以便使精加工余量小而均匀。精加工时，零件的最终轮廓应连续加工完成。例如加工图 5-7 所示的零件，应先利用复合循环指令将整个零件的大部分余量粗车切除，再将表面精车一遍，以此来保证零件的加工精度和表面粗糙度的要求。

(2)内外交替原则。对于既有内型腔又有外表面加工的回转体零件,如果零件壁较厚,刚性相对较好,可以按照先粗后精的加工顺序进行加工;如果零件壁较薄,为防止零件变形、则应采取工序分散的原则,先进行内外表面粗加工,再进行内外表面的半精加工,最后进行内外表面精加工,甚至要反复多次。切不可将零件上的一部分表面(外表面或内表面)加工完毕后,再加工其他表面(内表面或外表面)。

(3)先近后远原则。这里的远与近,是指按加工部位相对于起刀点的距离大小而言。在一般情况下,离起刀点近的部位先加工,离起刀点远的部位后加工,以便缩短刀具移动的距离,减少空行程时间,也有利于保证坯件或半成品的刚性,改善切削条件。

例如加工图 5-8 所示的零件,如果按 $\phi58\rightarrow\phi52\rightarrow\phi46\rightarrow\phi40$ 的次序安排车削,不仅会增加刀具返回起刀点所需的空行程时间,而且还会削弱工件的刚性,还可能使台阶的外直角处产生毛刺。对这类直径相差不大的台阶轴,应按 $\phi40\rightarrow\phi46\rightarrow\phi52\rightarrow\phi58$ 的次序,先近后远地安排车削。

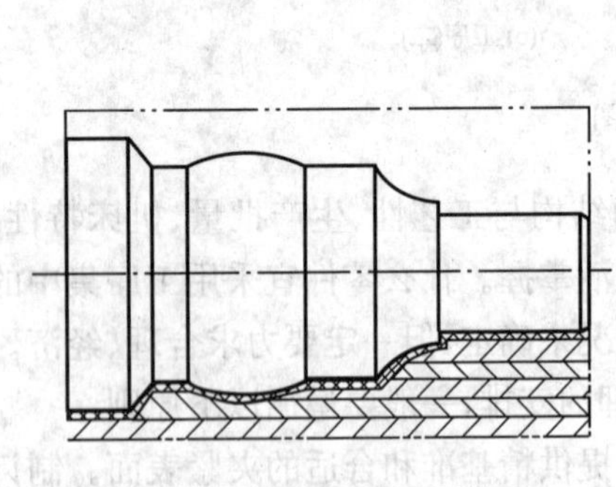

图 5-7 先粗后精示例

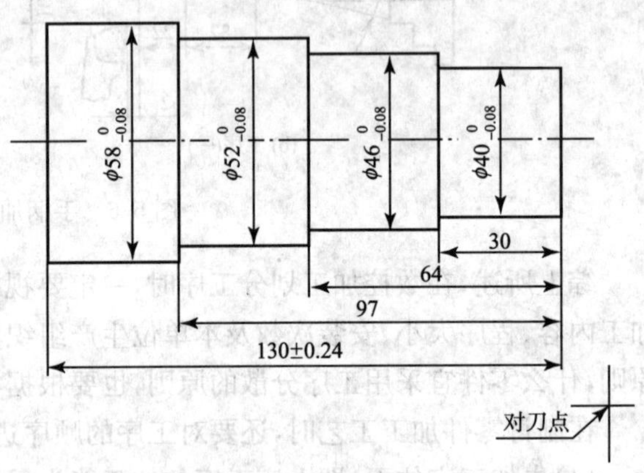

图 5-8 先近后远示例

(4)先内后外原则。即先以外圆定位加工内孔,再以内孔定位加工外圆,这样易于保证内外圆的同轴度要求,并且使用的夹具简单。

(5)基面先行原则。用做精基准的定位基面应优先加工出来,因为定位基面越精确,装夹误差就越小。例如,工件在上数控车削之前,应先将工件的装夹面加工出来,再以该装夹面定位进行数控加工。

(6)保持工件刚度原则。当零件有多处需要加工时,应先加工对零件刚性破坏较小的部位,以保证零件的刚度要求。因此,优先加工与装夹部位距离较远的、在后续加工中不受力或受力较小的部位,有利于保证工件的刚度。

5.2.4 进给路线的确定

刀具刀位点相对于工件的运动轨迹和方向称为进给路线,即刀具从起刀点开始,直至加工结束所经过的路径,包括切削加工的路径、刀具切入、切出等空行程。

进给路线是编写程序的依据。在确定进给路线时,应绘制工序简图,以便于进行程序的编写、工步的划分与安排。进给路线的确定应在保证加工质量的前提下,综合考虑简化数值计算、缩短走刀路线、提高效率等因素。因精加工的进给路线基本上都是沿其零件轮廓顺序进行的，因此确定进给路线的工作重点是确定空行程及粗加工的进给路线。

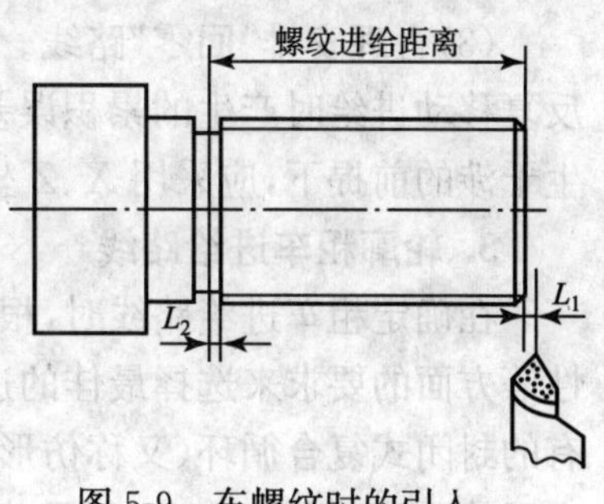

图 5-9　车螺纹时的引入升速段和降速段

1. 刀具的切入、切出路线

在数控机床上进行加工时，应安排好刀具的切入、切出路线，尽量使刀具沿轮廓的切线方向切入、切出。在车螺纹时，必须设置升速段 L_1 和降速段 L_2，这样可避免因车刀升、降速而影响螺距的稳定性，防止车出不完全螺纹，如图 5-9 所示。

2. 选择最短的空行程路线

确定最短的走刀路径，除了依据丰富的实践经验以外，还须善于分析、研究，必要时辅以一些简单计算。现将实践中的部分设计方法或思路介绍如下：

(1)合理设置起刀点。图 5-10 所示为采用矩形循环方式，进行粗车外圆的一般走刀路线。

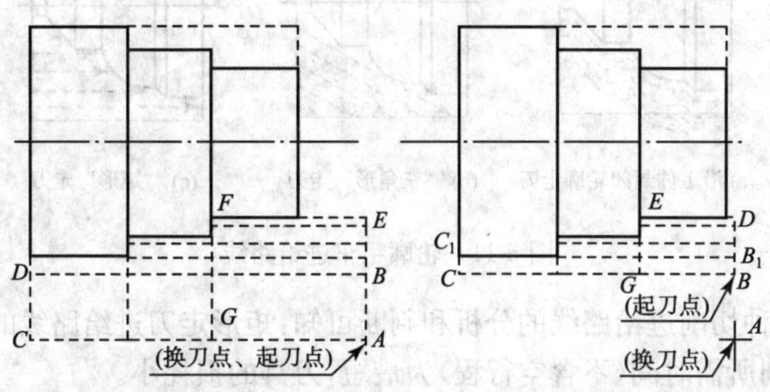

(a) 换刀点与起刀点重合走刀路线　　(b) 起刀点与换刀点分离走刀路线

图 5-10　合理设置起刀点

图 5-10(a)所示为换刀点与起刀点重合的走刀路线。起刀点 A 的设定是考虑到车削加工过程中需方便地换刀，故设置在离坯料较远的位置处。同时将其起刀点与换刀点重合在一起，分五刀粗车的走刀路线安排如下：

第一刀为 $A \to B \to D \to C \to A$

……

第五刀为 $A \to E \to F \to G \to A$

图 5-10(b)所示为起刀点与换刀点分离，设于 B 点，仍按相同的切削用量进行五刀粗车，其走刀路线安排如下：

起刀点与换刀点分离的空行程为 $A \to B \cdots$

第一刀为 $B \to B_1 \to C_1 \to C \to B$

……

第五刀为 $B \to D \to E \to G \to B$

显然，图 5-10(b)所示的走刀路线短，这种起刀点的设置同样适合于端面、螺纹等循环加工。

(2)合理设置换刀点。换刀时刀架远离工件的距离只要能保证换刀时刀具不和工件发生干涉即可。因此，换刀点的位置也不是一成不变的，只要能保证换刀位置安全，可以随时更改，以便缩短换刀时的空行程。

(3)合理安排“回零”路线。在手工编制较为复杂的加工程序时，为了避免和消除机床刀架反复移动进给时产生的累积误差，刀具每次加工完后要执行一次“回零”操作。操作时在不发生干涉的前提下，应采用 X、Z 坐标轴双向同时“回零”最短的路线指令。

3. 轮廓粗车进给路线

在确定粗车进给路线时，根据最短切削进给路线的原则，同时兼顾工件的刚性和加工工艺性等方面的要求来选择最佳的进给路线，如图 5-11 所示。图 5-11(a)所示为利用数控系统具有的封闭式复合循环(又称仿形循环，适用于铸、锻件毛坯)功能而控制车刀沿着工件轮廓进行走刀的路线；图 5-11(b)所示为利用其程序单一固定循环功能安排的“三角形”走刀路线；图 5-11(c)所示为利用其矩形粗车复合循环功能而安排的“矩形”走刀路线。

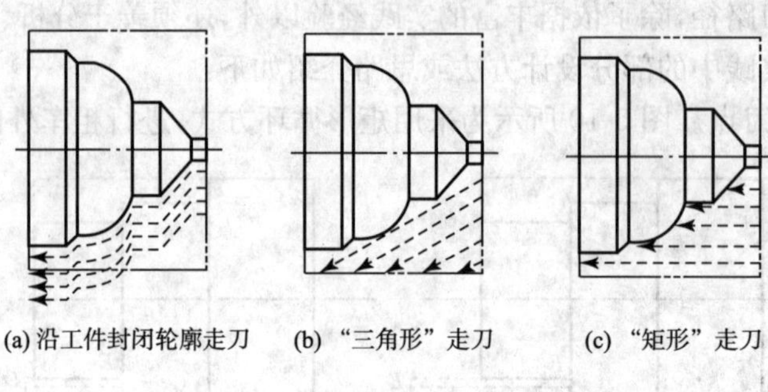
(a) 沿工件封闭轮廓走刀　(b) “三角形”走刀　(c) “矩形”走刀

图 5-11　轮廓粗车进给路线

通过对以上三种切削进给路线的分析和判断可知：矩形走刀进给路线的长度总和最短，在同等条件下，其切削所需时间(不含空行程)为最短，刀具的损耗小。

4. 大余量铸、锻件毛坯阶梯切削进给路线

大余量铸、锻件毛坯阶梯切削进给路线，如图 5-12 所示。粗车采用沿轴向顺序车削。

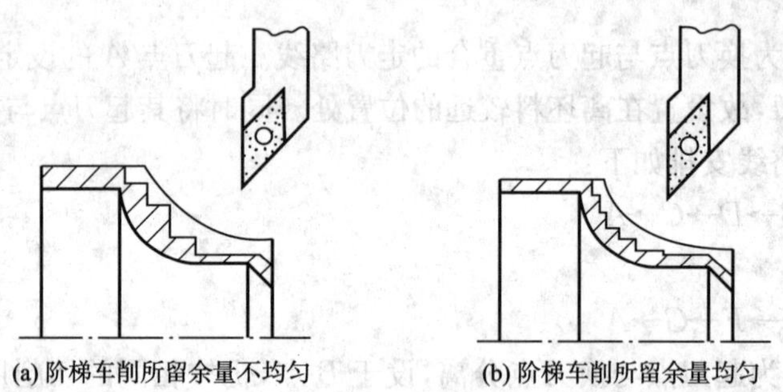
(a) 阶梯车削所留余量不均匀　(b) 阶梯车削所留余量均匀

图 5-12　大余量铸、锻件毛坯的阶梯切削进给路线

图 5-12(a)所示为车削所留余量不均匀的错误的阶梯切削路线，在这种情况下再精车时，主切削刃受到瞬时的重负荷冲击，不仅影响表面质量，而且还影响到刀具的使用寿命；图 5-12(b)所示为车削所留余量均匀的阶梯切削路线。

根据数控车床加工的特点，如果毛坯的加工余量呈圆弧形，一般可不采用阶梯进给路线，而采用依次从轴向和径向进刀，沿圆弧方向进给的方法。

5. 特殊进给路线

(1)切断刀的特殊进刀加工。利用切断刀可以完成倒角、梯形槽、长圆弧槽等表面的精加工，如图 5-13 所示。需要注意的是，必须先用 35°外圆车刀荒车去除多余余量，再用切断刀精车。图 5-13(a)所示为车削长圆弧槽时进刀路线,车削时刀具应先贴近工件外径,如果以左刀尖对刀轴向移动进刀时,到切削点位置应加上刀宽距离为编程尺寸,即用右刀尖车右圆弧;长圆弧槽中间平走刀的轴向距离,为零件中间轴向长度减去刀宽距离即为编程尺寸,用左刀尖车左圆。图 5-13(b)所示为表示车削梯形槽时进刀路线图,具体方法可参照长圆弧槽的车削方法。

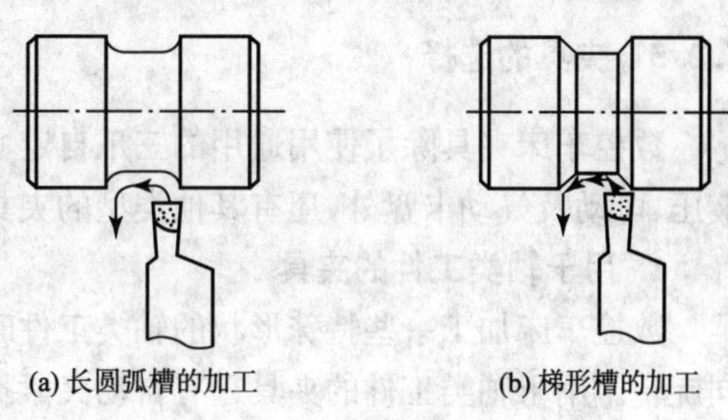
(a) 长圆弧槽的加工　(b) 梯形槽的加工

图 5-13　切断刀的切削进给路线

(2)由车床机械装置决定进刀路线。一般情况下,沿 Z 坐标轴的进给运动都是沿着负方向进给,但有时按常规的负方向安排进给路线并不合理,甚至可能损坏工件。例如,当采用尖形车刀加工大圆弧内表面时,安排两种不同的进给路线,如图 5-14 所示。

图 5-14(a)所示为沿内腔轴向正方向进刀加工,即沿着正 Z 方向走刀,吃刀抗力沿负 X 向作用,如图 5-15 所示。当尖刀运动到圆弧的换象限处,即由正 Z、负 X 向正 Z、正 X 方向转换时,X 向吃刀抗力 P_x 方向与横拖板传动力方向相反,即使滚珠丝杠螺母副存在机械传动反向间隙,也不会产生扎刀现象,因此,这是一种合理的走刀进给路线。

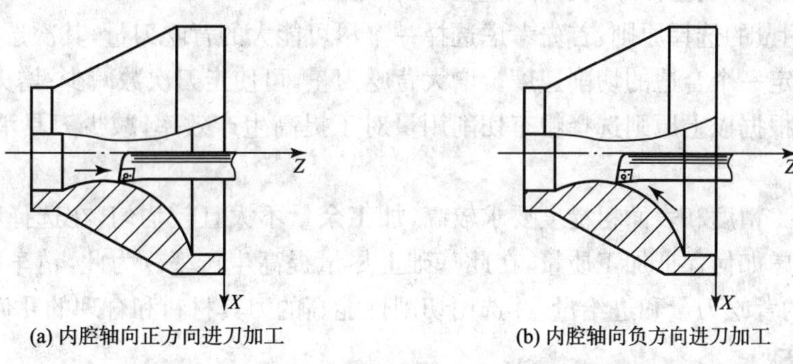

(a) 内腔轴向正方向进刀加工　(b) 内腔轴向负方向进刀加工

图 5-14　内腔轴向正、反两个方向进刀加工示意图

图 5-14(b)所示为沿内腔轴向负方向进刀加工,即沿着负 Z 方向走刀,吃刀抗力沿正 X 向作用,如图 5-16 所示。当刀尖运动到圆弧的换象限,即由负 Z、负 X 向负 Z、正 X 方向转换时,X 向吃刀抗力 P_x 方向与横拖板传动力方向一致,若滚珠丝杠螺母副有机械传动反向间隙,就可能使刀尖嵌入工件表面造成扎刀现象,从而大大降低零件的表面质量。

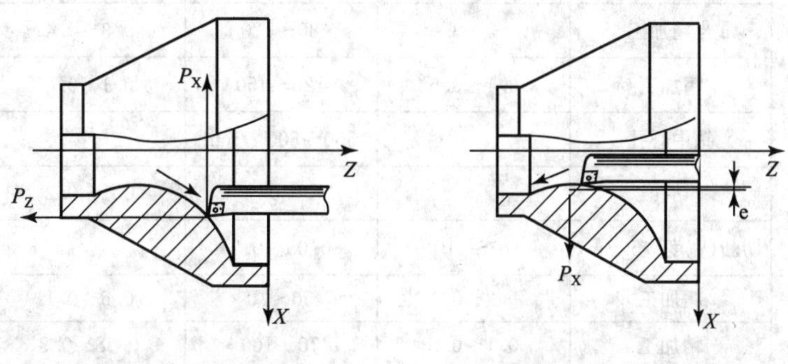

图 5-15　合理进给方式　　图 5-16　扎刀现象

5.2.5　夹具的选择

数控车床夹具除了使用通用的三爪自定心卡盘、四爪单动卡盘、顶尖、大批量生产中使用液压、电动及气动卡盘外，还有其他类型的夹具，其主要形式分为以下两大类：

1. 用于轴类工件的夹具

数控车床加工一些特殊形状的轴类工件时，坯件可装夹在专用车床夹具上，夹具随主轴一同旋转。用于轴类工件的夹具还有自动夹紧拨动卡盘、三爪拨动卡盘和快速可调万能卡盘等，这类夹具在粗车时可以传递足够大的转矩，以适应主轴高速切削。

2. 用于盘类工件的夹具

这类夹具适用在无尾座的卡盘式数控车床上。用于盘类工件的夹具主要有可调卡爪式卡盘和快速可调卡盘。

5.2.6　切削用量的选择

数控车削加工的切削用量包括：背吃刀量、主轴转速或切削速度（用于恒线速度切削）、进给速度或进给量。切削用量选择是否合理，对于能否充分发挥机床潜力与刀具切削性能，实现优质、高产、低成本和安全操作具有非常重要的作用。

粗车车削用量的选择原则：首先考虑选择一个尽可能大的背吃刀量，其次选择一个较大的进给量，最后确定一个合适的切削速度。增大背吃刀量，可使走刀次数减少；增大进给量，有利于断屑。因此，根据以上原则选择粗车切削用量对于提高生产效率，减少刀具消耗，降低加工成本是有利的。

精车时，加工精度和表面粗糙度要求较高，加工余量不大且较均匀，在选择精车的切削用量时，应着重考虑如何保证加工质量，在此基础上尽量提高生产率。为此，精车时应选用较小（但不易太小）的背吃刀量和进给量，并选用切削性能高的刀具材料和合理的几何参数，以尽可能提高切削速度。

此外，在选择粗、精车削用量时，应注意机床说明书给定的允许切削用量范围。表 5-1 所示的是切削用量的数据，仅供参考。

表 5-1　数控车削用量推荐表

工件材料	工作条件	切削深度 mm	切削速度 mm/min	进给量 mm/r	刀具材料
碳素钢 σ_b＞600 MPa	粗加工	5～7	60～80	0.3～0.8	YT 类
	半精加工	2～3	80～120	0.3～0.4	
	精加工	0.1～0.5	120～150	0.1～0.3	
	钻中心孔		500～800 r/min		W18Cr4V
	钻孔		30	0.1～0.2	
	切断（宽度＜5 mm）	70～110	0.05～0.2		YT 类
铸铁 200 HBS 以下	粗加工	2～6	50～70	0.6～0.1	YG 类
	精加工	0.1～0.5	70～100	0.08～0.3	
	切断（宽度＜5 mm）	50～70	0.05～0.2		

5.3　典型零件的数控车削加工工艺

5.3.1　轴类零件的数控车削加工工艺分析

1. 分析零件图样

图 5-17 所示的销轴零件表面由外螺纹、退刀槽、外圆柱面、外圆弧面等组成，其中多个表面的直径都有较高的尺寸精度要求。零件图尺寸标注完整，符合数控加工尺寸标注；零件毛坯为 $\phi35\times105$ 棒料、材料为 45 钢，切削加工性能较好，无热处理和硬度要求；左、右端面均为设计基准，无形位精度要求；生产类型为单件小批生产。对于尺寸精度要求，主要通过准确对刀、正确设置刀补与磨耗以及制订合适的加工工艺来保证。

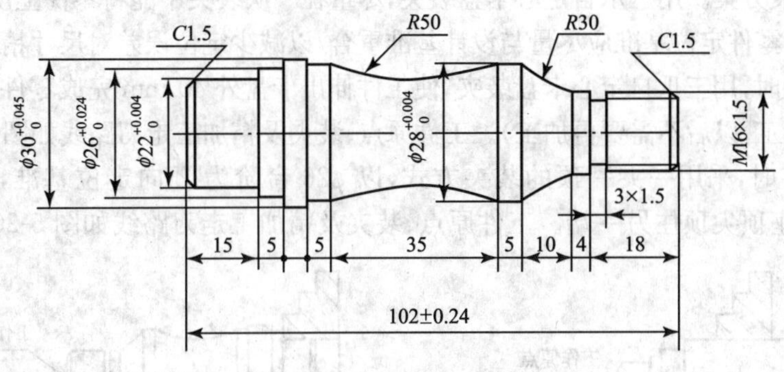

图 5-17　销轴零件

2. 工艺准备

(1)设备选用。根据加工零件的尺寸精度、生产类型及现场实际，选用 FANUC 0i-TD 系统 CAK6136 型数控车床加工。

(2)刀具选用。根据加工内容选择刀具，所用刀具如图 5-18 所示。该零件为单件小批生产，粗、精加工可使用同一把刀具，所选刀具为 90°菱形外圆刀(即选用刀尖角为 35°的 V 形刀片，取刀尖圆弧半径为 0.4 mm)、刀宽为 3 mm 的机夹切槽刀、机夹 60°螺纹刀，详细内容如表 5-2 所示。

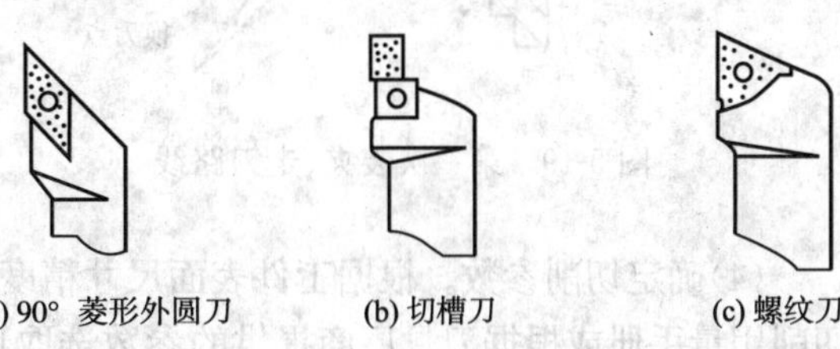

图 5-18　加工所需数控机夹刀具

表 5-2　数控加工刀具卡片

序号	刀具号(H)	刀具规格名称标准	刀柄型号	刀具补偿量		刀具简图	刀片材料	备注
				刀位点	半径(D)			
1		中心孔钻 ϕ3.5 mm						手动
2	T01	外圆粗、精车刀(20×20)		刀尖圆弧圆心	0.4 mm		硬质合金	自动
3	T02	切断刀(20×20)		刀尖			硬质合金	自动
4	T03	外螺纹刀(20×20)		刀尖			硬质合金	自动

(3)量具选用。0～25 mm 外径千分尺、25～50 mm 外径千分尺、0～150 mm 游标卡尺、M16×1.5 螺纹环规。

3. 车削加工工艺分析

(1)编程原点与换刀点的确定。根据编程原点的确定原则,该工件的编程原点设定在加工完成后的右端面与主轴轴线的交汇点上,两次装夹换刀点选在 $X100$、$Z100$ 处。

(2)制订加工方案与加工路线。本例采用两次装夹,先加工左端外形,完成粗、精加工,再调头加工右端。由于粗加工余量较大,因此,粗车采用复合循环指令进行编程,以简化程序的编制。

左端加工:左端面在离工件毛坯 2 mm 的位置,开始加工到 $\phi30$ mm 处结束,在 FANUC 系统上符合 X、Z 轴方向共同增大或减小的模式,因此采用 G71 矩形复合循环切削。

右端加工:右端面在离工件毛坯 2 mm 位置,开始加工到轴向尺寸 77 mm 处结束,在 FANUC 系统上不符合 X、Z 轴方向共同增大或减小的模式,因此,采用 G73 矩形封闭式轮廓复合循环切削。

(3)确定装夹方案。用三爪自定心卡盘装夹,尽量在一次装夹中能将零件上所有需加工的表面都加工出来。零件定位基准应尽量与设计基准重合,以减少定位误差对尺寸精度的影响。

第一次装夹时,用三爪自定心卡盘装夹,使工件伸出卡盘外 40 mm 完成零件左端加工(对刀时已将左端面加工,以后不需要再加工)。工件原点、装夹及精加工走刀路线如图 5-19 所示。

第二次装夹时,采用一夹一顶的装夹方式,以 $\phi26$ 台阶为 Z 向定位基准,三爪卡盘夹持 $\phi22$ 外圆,用尾座顶尖顶住另一端。工件原点、装夹及精加工走刀路线如图 5-20 所示。

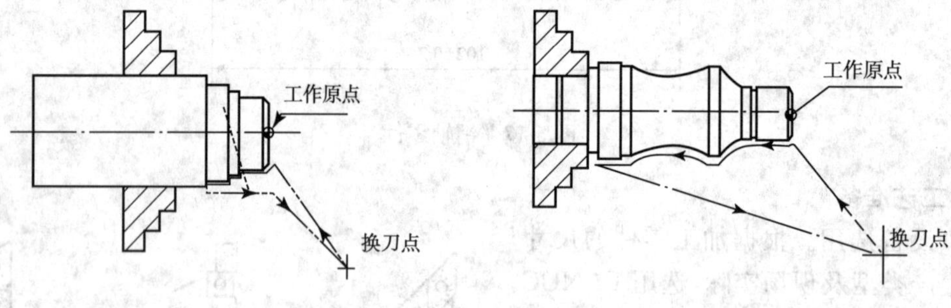

图 5-19 第一次装夹、走刀路线　　图 5-20 第二次装夹、走刀路线

(4)确定切削参数。根据工件表面尺寸精度要求、刀具材料、工件材料以及机床的刚性,参考切削用量手册或根据刀具厂商提供的参数选取切削速度与每转进给量。背吃刀量的选择因粗、精加工而有所不同。粗加工时,在工艺系统刚性和机床功率允许的情况下,尽可能取较大的背吃刀量,以减少进给次数;精加工时,为保证零件表面粗糙度要求,背吃刀量一般取 0.1～0.4 mm 较为合适,数控加工切削参数如表 5-3 所示。

表 5-3 数控加工切削参数卡片

工步号	作业内容	刀具号(H)	刀具种类	刀具补偿量地址		主轴转速 (r/min)	进给量 (mm/r)	背吃刀量 (mm)	精加工余量(mm)	
				长度	半径				X 轴	Z 轴
1	平断面	T01	外圆刀	(略)		700	手动			
2	粗车外圆	T01	外圆刀	(略)		900	0.8	2	0.8	0.1
3	精车外圆					1 800	0.4	0.4		
4	切槽	T02	切槽刀	(略)		800	0.05	3		
5	车螺纹	T03	螺纹刀	(略)		700	1.5	分层	0.2	

(5)确定加工顺序。加工顺序的确定按由粗到精、由近到远的原则,在一次装夹中尽可能

加工出较多的工件表面。由于该零件为单件小批生产，走刀路线设计不必考虑最短进给路线或最短空行程路线，精加工外轮廓表面车削走刀路线可沿零件轮廓顺序进行，如图 5-19、图 5-20 所示。

(6)编制机械加工工艺。机械加工工艺过程如表 5-4 所示。

(7)编制数控加工工序。数控加工工序如表 5-5 所示。

表 5-4　机械加工工艺过程卡片

工序号	工序名称	作 业 内 容	加工设备
1	下料	ϕ35 mm×105 mm	锯 床
2	粗、精车左端面与外形	(1)三爪自定心卡盘装夹外径 ϕ35 一端，车端面； (2)用外圆刀粗、精加工左端面倒角、$\phi22_{0}^{+0.04}$、$\phi26_{0}^{+0.024}$、$\phi30_{0}^{+0.045}$(粗加工留 X=0.4 mm、Z=0.1 mm 精加工余量)轴向总长度到 25 mm	数控车床 CAK6136
3	粗、精车右端面与外形	(1)调头，垫铜皮用三爪自定心卡盘装夹工件左端，以 $\phi22_{0}^{+0.04}$ 外圆台肩定位、用端面刀车削右端面、保证总长度 102±0.24 mm； (2)打中心孔，用尾座顶尖顶住右端面； (3)用外圆刀粗、精加工外螺纹面、$\phi17_{0}^{+0.04}$ 外圆、R30 圆弧面，$\phi28_{0}^{+0.04}$、R50 弧面、$\phi28_{0}^{+0.04}$(粗加工留 X=0.4 mm、Z=0.1 mm 精加工余量)，轴向到 $\phi28_{0}^{+0.04}$ 圆柱面结束； (4)用切槽刀车削槽宽为 3×1.5 mm 外槽； (5)车削螺纹 M16×1.5	
4	全件检验	检验卡	

表 5-5　数控加工工序卡片

数控加工工序卡		产品型号		零件图号	合同号	共　页
单　位		产品名称		零件名称		第　页
机床型号	机床名称	夹具编号		夹具名称	机床型号	
工序号	工序名称			程序编号	备注	
工步号	作业内容	刀具号	刀具名称、规格	主轴转速(r/min)	进给速度(mm/r)	背吃刀量(mm)
	左端加工					
1	手动加工左端面		端面刀	600		手控
2	手动对刀(外圆刀 z=0)			600		手控
3	自右向左粗加工左端外轮廓(矩形车削)	T01	外圆刀	800	0.8	1.5
4	自右向左精加工左端外轮廓(轮廓车削)			1 200	0.4	0.15
5	工件左端精度检验					
	右端加工					
1	调头手动加工右端面(切长度 1.02±0.24)		端面刀	600		手控
2	手动对刀(外圆刀、外槽刀、外螺纹刀 z=0)			600		手控
3	打中心孔，用尾座顶尖顶住右端面。		中心孔钻	1 000		手控
4	自右向左粗加工右端外轮廓(轮廓车削)	T01	外圆刀	800	0.8	1.5
5	自右向左精加工右端外轮廓(轮廓车削)			1 200	0.4	0.15

续上表

数控加工工序卡			产品型号		零件图号		合同号	共　页
单　位			产品名称		零件名称			第　页
机床型号		机床名称	夹具编号		夹具名称		机床型号	
工序号		工序名称			程序编号		备注	
工步号	作业内容			刀具号	刀具名称、规格	主轴转速 (r/min)	进给速度 (mm/r)	背吃刀量 (mm)
	右端加工							
6	切槽(3×1.5)			T02	切槽刀	800	0.06	3
7	车削外螺纹(M16×1.5)			T03	螺纹刀	700		分层
8	工件整体精度检验							
标记	处　数	通知单编号	签　字	日　期	设　计	审　核	会　签	批准日期

5.3.2　套类零件的数控车削加工工艺分析

1. 分析零件图样

图 5-21 所示的轴套由内、外表面组成，其中，内表面包括内腔、内槽、内螺纹。外表面在直径尺寸方向都有较高的尺寸精度和形位精度要求。

对于尺寸精度要求，主要通过在加工过程中的准确对刀、正确设置刀补及磨耗以及制订合适的加工工艺等措施来保证；对于几何精度要求(外圆 $\phi80$ 对轴心线 A 的跳动度公差为 0.03，左端面对轴心线 A 的垂直度公差为 0.02)，主要通过调整机床的精度，制订合理的加工工艺等措施来保证；对于表面粗糙度($\phi50$ 的外表面要求 $R_a0.8\ \mu m$、$\phi30$ 的内表面要求 $R_a1.6\ \mu m$)，主要通过选用合理的刀具及其几何参数、正确的粗、精加工路线、合理的切削用量及冷却等措施来保证。

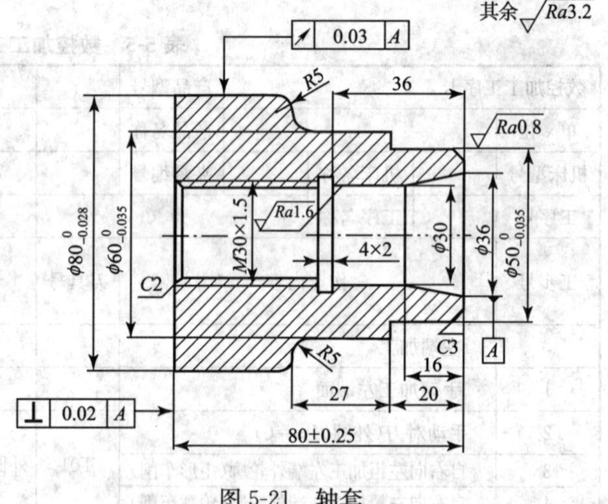

图 5-21　轴套

零件图尺寸标注完整，符合数控加工尺寸标注。零件毛坯材料为 $\phi85\times85$ 圆棒料、材料为 45 钢，切削加工性能较好，无热处理和硬度要求；右端面为设计基准，生产类型为单件小批生产。

2. 工艺装备

(1)设备选用。根据加工零件的尺寸精度和批量，选用 FANUC 0i-TD 系统 CAK6136 型数控车床加工。

(2)刀具选用。根据加工内容所选刀具如图 5-22 所示。该零件为单件小批生产，粗、精加工可使用同一把刀具，所选刀具为：90°菱形外圆刀(即选用刀片刀尖角为 35°的 V 形刀片，取刀具圆弧半径为 0.4 mm)、刀宽为 4 mm 的内切槽刀、机夹 60°内螺纹刀、内镗刀、$\phi24$ 钻头，如表 5-6 所示。

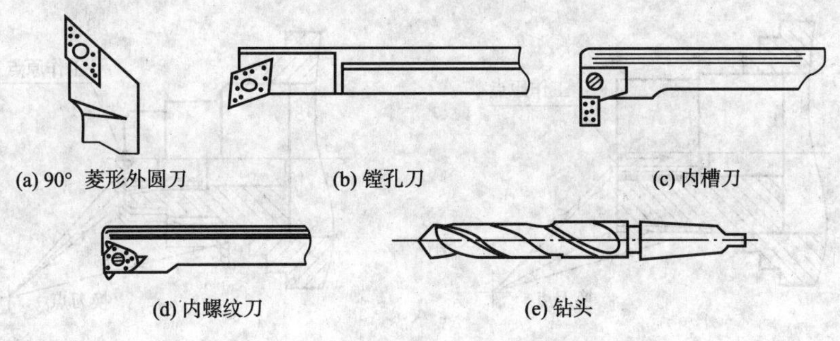

图 5-22 加工所需数控机夹刀具

(3)量具选用。50～75 mm 外径千分尺、75～100 mm 外径千分尺、0～150 mm 游标卡尺，M30×1.5 内螺纹塞规、内径百分表等。

表 5-6 数控加工刀具卡片

序号	刀具号(H)	刀具规格名称标准	刀柄型号	刀具补偿量		刀具简图	刀片材料	备注
				刀位点	半径(D)			
1	T01	外圆粗、精车刀(20×20)	(略)	刀尖圆弧圆心	0.4 mm		硬质合金	自动
2	T02	粗、精内镗刀(20×20)	(略)	刀尖圆弧圆心	0.2 mm		硬质合金	自动
3	T03	内槽刀(20×20)	(略)	刀尖			硬质合金	自动
4	T04	内螺纹刀(20×20)	(略)	刀尖	0.2 mm		硬质合金	自动
5	T05	钻头 ϕ24	锥柄	钻尖			高速钢	手控

3. 车削加工工艺分析

(1)编程原点与换刀点的确定。根据编程原点的确定原则，该工件的编程原点设定在加工完成后右端面与主轴轴线的交汇点上；两次装夹换刀点选在 X100、Z100 处。

(2)制订加工方案与加工路线。本例采用两次装夹，先加工左端内腔、外轮廓，完成粗、精加工后，再调头加工右端内腔、外轮廓。由于粗加工余量较大，因此，粗车采用复合循环指令进行编程，以简化程序的编制。

左端加工：左端面在离工件毛坯 2 mm 位置，开始轴向到 33 mm、R5 部分结束，内腔与外轮廓加工都采用 G90 简单固定循环。

右端加工：右端面在离工件毛坯 2 mm 位置，开始加工到轴向尺寸 47 mm、R5 部分结束，内腔、外轮廓加工，在 FANUC 系统上符合 X、Z 轴方向共同增大或减小的模式，因此，采用 G71 矩形复合循环切削(或外轮廓采用 G73 轮廓复合循环)。

(3)确定装夹方案。采用三爪自定心卡盘装夹。

第一次装夹使工件伸出卡盘外 40 mm 左右，完成零件左端面、内腔及外轮廓粗、精加工。工件原点、装夹及精加工走刀路线如图 5-23 所示。

第二次装夹以精加工完成的 ϕ80 表面定位(垫铜皮)，伸出长度 60 mm 左右，完成零件右端面及外轮廓的粗、精加工。工件原点、装夹及精车走刀路线如图 5-24 所示。

(4)确定切削参数。在机床工艺系统刚性和机床功率允许的情况下，尽可能取较大的背吃刀量，以减少进给次数；精加工时，为保证零件表面粗糙度要求，背吃刀量一般取 0.1～0.4 mm较为合适，数控加工切削参数如表 5-7 所示。

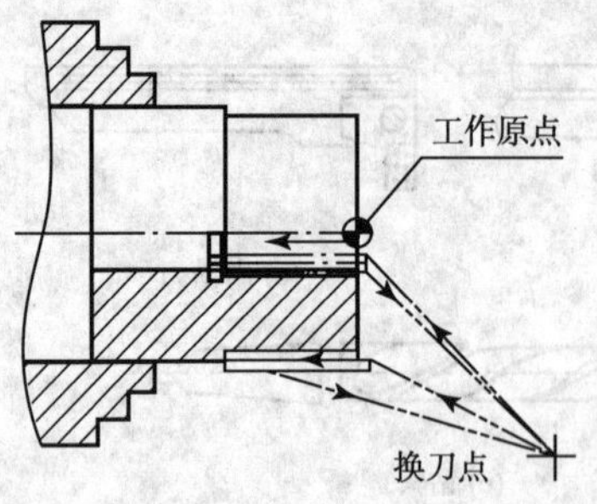

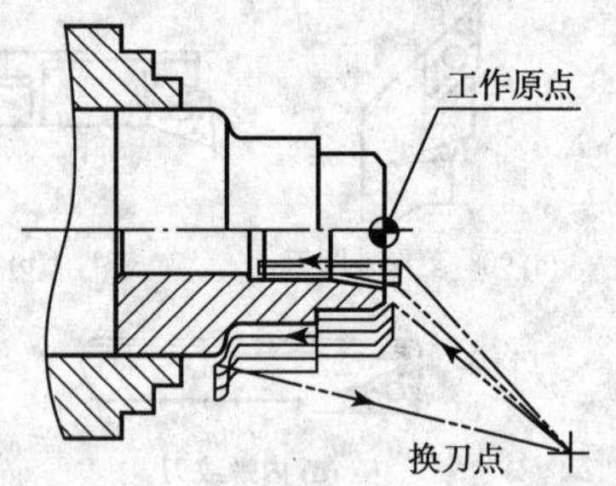

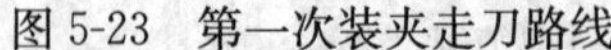

图 5-23　第一次装夹走刀路线　　　　图 5-24　第二次装夹走刀路线

表 5-7　数控加工切削参数卡片

工步号	作业内容	刀具号(H)	刀具种类	刀具补偿量地址		主轴转速(r/min)	进给量(mm/r)	背吃刀量(mm)	精加工余量(mm)	
				长度	半径				X 轴	Z 轴
1	平 断 面		端面刀	(略)		1 500	手控			
2	粗车外圆	T01	外圆刀	(略)	0.2	1 200	0.8	1.5	0.4	0.1
3	精车外圆				0.2	1 800	0.4	0.4		
4	粗车内腔	T02	内腔刀	(略)	0.2	900	0.5	1.0	0.3	0.1
5	精车内腔			(略)	0.2	1 200	0.2	0.3		
6	切 内 槽	T03	切槽刀	(略)		800	0.05			
7	车内螺纹	T04	螺纹刀	(略)		700	1.5	分层	0.2	0
8	钻　孔	T05	钻头	(略)		500	手控			

(5)确定加工顺序。结合零件的结构特征,两次装夹加工内、外轮廓表面。由于该零件为单件小批生产,粗、精加工内、外轮廓表面车削走刀路线,如图 5-23、图 5-24 所示。

(6)编制机械加工工艺。机械加工工艺过程如表 5-8 所示。

(7)编制数控加工工序。数控加工工序如表 5-9 所示。

表 5-8　机械加工工艺过程卡

工序号	工序名称	作 业 内 容	加工设备
1	下料	ϕ85 mm×85 mm	锯床
2	粗、精车左端内、外轮廓	(1)三爪自定心卡盘装夹 ϕ85 外径一端,车端面; (2)钻通孔 ϕ24 mm; (3)用内镗刀粗、精加工内腔表面、ϕ28.5 内孔、内倒角(粗加工留 X=0.3 mm、Z=0.1 mm 精加工余量)总轴向长度到 42 mm; (4)切 4×2 内退刀槽; (5)车削 M30×1.5 内螺纹; (6)用外圆刀粗、精加工左端 $\phi 80_{-0.028}^{0}$ 外圆(粗加工留 X=0.4 mm、Z=0.1 mm 精加工余量)总轴向长度到 40 mm	数控车床 CAK6136
3	粗、精车右端内、外轮廓	(1)调头,垫铜皮用三爪自定心卡盘装夹工件右端 $\phi 80_{-0.028}^{0}$ 外圆、用端面刀车削右端面、保证总长度 80±0.25 mm; (2)用内镗刀粗、精加工内腔表面:内锥孔、ϕ30 圆柱孔(粗加工留 X=0.3 mm、Z=0.1 mm 精加工余量); (3)用外圆刀粗、精加工左端 C3 倒角、$\phi 50_{-0.025}^{0}$ 外圆、$\phi 50_{-0.025}^{0}$～$\phi 60_{-0.035}^{0}$ 圆环面、$\phi 60_{-0.035}^{0}$ 圆柱面、R5 凹圆弧面、R5 凸圆弧面、(粗加工留 X=0.4 mm、Z=0.1 mm精加工余量)	数控车床 CAK6136
4	全件检验	检验卡	

表 5-9 数控加工工序卡片

数控加工工序卡		产品型号		零件图号		合同号	共 页	
单 位		产品名称		零件名称			第 页	
机床型号		机床名称		夹具编号		夹具名称		切削液
工序号		工序名称		程序编号		备注		
工步号	作业内容	刀具号	刀具名称、规格	主轴转速 (r/min)	进给速度 (mm/min)	背吃刀量 (mm)		
	左 端 加 工							
1	车左端面	T01	外圆刀	700		手动		
2	钻 ϕ24 通孔		钻头	800		手动		
3	对刀(外圆刀、镗刀、内槽刀、内螺纹刀,$Z=0$)			700		手动		
4	粗车内轮廓(矩形车削)	T02	镗刀	800	0.3	1.5		
5	精车内轮廓(轮廓车削)			1 200	0.2	0.15		
6	切内槽(4×2)	T03	内槽刀	700	0.06	4		
7	车削内螺纹(M30×1.5)	T04	内螺纹刀	700	1.5	分层		
8	粗车外轮廓	T01	外圆刀	800	0.8	1.5		
9	精车外轮廓			1 200	0.2	0.15		
10	精度检验							
	右 端 加 工							
1	车右端面(保证总长 80±0.25)	T01	外圆刀	700	0.05	手动		
2	对刀(外圆刀、镗刀)			700	0.2	手动		
3	粗车内轮廓(矩形车削)	T02	镗刀	800	0.3	1.5		
4	精车内轮廓(轮廓车削)			1 200	0.2	0.15		
5	粗车外轮廓(矩形车削)	T01	外圆刀	800	0.4	1.5		
6	精车外轮廓(轮廓车削)			1 200	0.2	0.15		
7	精度检验							
标记	处 数	通知单编号	签 字	日 期	设 计	审 核	会 签	批准日期

思考与复习题

1. 数控车床的主要加工对象有哪些？数控加工工艺有哪些特点？
2. 编制数控车削加工工艺时,主要考虑哪些内容？
3. 在分析零件图样时,应如何进行分析？
4. 确定加工工序的常见方法有哪些？
5. 数控车削加工顺序的确定应遵循哪些原则？
6. 数控车削切削用量如何选择？
7. 确定进给路线时应注意哪些问题？
8. 数控加工工序卡主要包括哪些内容？与普通加工工序卡有什么区别？

6 数控铣削的加工工艺

6.1 数控铣削的加工对象

数控铣削是机械加工中最常用和最主要的数控加工方法之一，它除了能铣削普通铣床能加工的各种零件表面外，还能铣削普通铣床不能铣削的、需2～5坐标联动的各种平面轮廓和立体轮廓。与加工中心相比，数控铣床除了缺少自动换刀功能以及刀库外，其他方面均与加工中心类似，也可以进行钻、扩、铰、镗孔、攻螺纹等加工。根据数控铣床的特点，从铣削加工角度来考虑，适合数控铣削的主要加工对象有以下几类：

1. 平面类零件

加工面平行或垂直于水平面，或加工面与水平面的夹角为定角的零件称为平面类零件，如图6-1所示。目前在数控铣床上加工的绝大多数零件属于平面类零件。平面类零件的特点是各个加工面是平面，或可以展开成平面。例如图6-1所示的曲线轮廓面M和正圆台面N展开后均为平面。

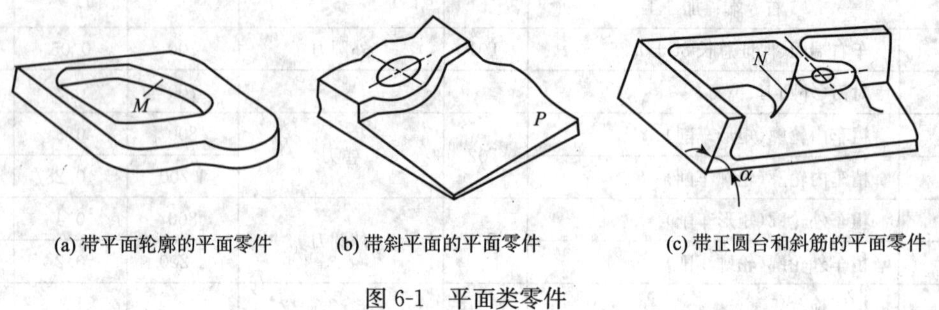

(a) 带平面轮廓的平面零件　(b) 带斜平面的平面零件　(c) 带正圆台和斜筋的平面零件

图6-1　平面类零件

平面类零件是数控铣床加工对象中最简单的一类零件，一般只需两轴半的数控铣床就可以把它们加工出来。

2. 变斜角类零件

加工面与水平面的夹角呈连续变化的零件称为变斜角类零件。这类零件多为飞机零件，例如飞机上的整体梁、框、缘条与肋等。图6-2所示为飞机上的一种变斜角梁缘条，该零件的上表面在第2肋至第5肋的斜角从3°10′均匀变化为2°32′，从第5肋至第9肋再均匀变化为1°20′，从第9肋至第12肋又均匀变化为0°。

变斜角类零件的变斜角加工面不能展开为平面，但在加工中，加工面与铣刀圆周接触的瞬间为一条线。对于这类零件最好采用四坐标或五坐标加工中心进行摆角加工，在没有上述机床时，也可采用三坐标数控铣床，进行两轴半坐标近似加工。

3. 曲面类零件

加工面为空间曲面的零件称为曲面类零件，例如模具、叶片、螺旋桨等，如图6-3所示。曲

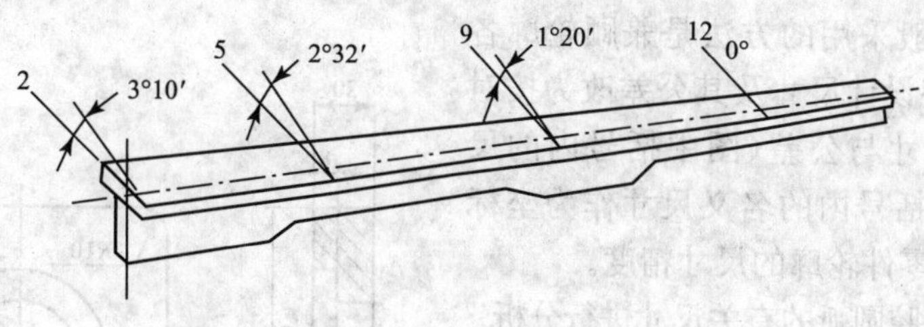

图 6-2　变斜角零件

面类零件的加工面不能展开为平面，加工时，加工面与铣刀始终为点接触。加工曲面类零件一般采用三坐标数控铣床。当曲面较复杂、通道较狭窄、会伤及相邻表面及需刀具摆动时，则要采用四坐标或五坐标加工中心。

4. 箱体类零件

箱体类零件一般是指具有一个以上孔系，内部有一定型腔或空腔，在长、宽、高方向有一定比例的零件，如图 6-4 所示。箱体类零件的加工可以采用数控铣床加工，但因为用到的刀具较多，一般采用加工中心来加工。

对于加工部位较多，需工作台多次旋转角度才能完成的零件，一般选卧式镗铣类加工中心。当加工部位较少，且跨距不大时，也可选立式加工中心，从一端进行加工。

图 6-3　曲面类零件

图 6-4　箱体类零件

6.2　数控铣削加工工艺分析

数控铣削加工工艺分析是编程前的重要工艺准备工作之一。铣削工艺制定的合理与否，对程序编制、机床的加工效率和零件的加工精度、加工质量、加工成本等都有重要影响。在编制数控铣削加工工艺时，应遵循一般的铣削工艺原则并结合数控铣床的特点，认真详细地对加工零件进行工艺分析，其所涉及的内容主要包括以下几个方面：

6.2.1　零件的工艺分析

1. 对零件的技术要求进行工艺性分析

(1)对零件尺寸的有关公差进行分析。由于加工程序是以准确的坐标点来编制的，各图形几何要素间的相互关系(例如相切、相交、垂直和平行等)应明确，各种几何要素的条件应充分，不允许有引起矛盾的多余尺寸或者影响工序安排的封闭尺寸。

图 6-5 所示为数控铣削中间孔，由于零件轮廓各处尺寸公差带不同，用同一把铣刀、同一个刀具半径补偿值，按图样给定的名义尺寸编程加工时，很难同时保证轮廓尺寸在尺寸公差范

围之内。这时一般采用的方法是兼顾轮廓各处的尺寸公差，将设计尺寸及其公差改为按对称公差标注的尺寸与公差（图中括号内的尺寸），在编程时以括号内的名义尺寸作为坐标点编制即可保证零件轮廓的尺寸精度。

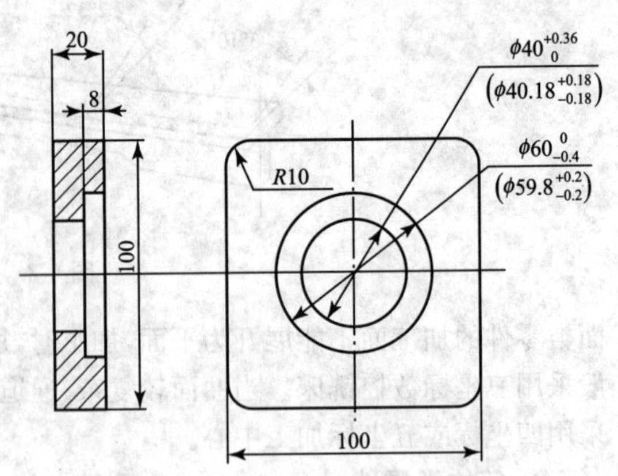

图 6-5　零件图公差调整

(2)对零件内腔圆弧的有关尺寸进行分析。

①内壁转接圆弧半径 R。例如加工图 6-6 所示的零件，当工件的被加工轮廓高度 H 较小，内壁接圆弧半径 R 较大时，则可采用刀具切削刃长度 L 较小、直径 D 较大的铣刀加工。这样，底面的走刀次数较少，工艺性好且加工表面质量高；反之，铣削工艺性则较差。通常当 $R<0.2H$ 时，则工艺性较差。

②内壁与底面转接圆弧半径 r。例如加工图 6-7 所示的零件，当铣刀直径 D 一定时，若工件的内壁与底面转接圆弧半径 r 越小，则铣刀与铣削平面接触的最大直径 $d=D-2r$ 也越大，铣刀端刃铣削平面的面积越大，则加工平面的能力越强，铣削工艺性越好；反之，工艺性越差。当底面铣削面积大，转接圆弧半径 r 也较大时，只能先用一把较小的铣刀加工，再用符合转接圆弧半径 r 铣刀加工，否则只用一把符合转接圆弧半径 r 铣刀加工效率低下，甚至无法完成铣削加工。因此，转接圆弧半径尺寸大小要力求合理，半径尺寸尽可能一致，以改善铣削工艺性。

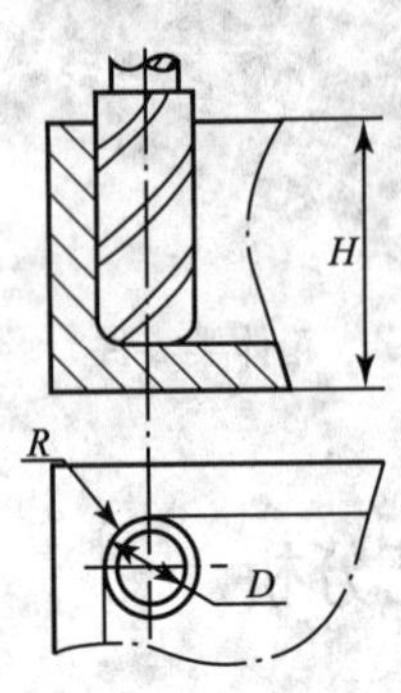

图 6-6　内壁高度与内壁转接圆弧对零件铣削工艺性的影响

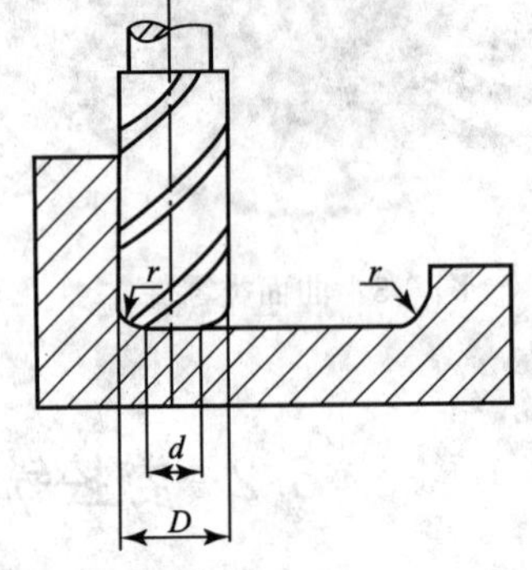

图 6-7　零件底面与内壁转接圆弧对零件铣削工艺性的影响

(3)保证零件定位基准统一的原则。有些工件往往需要调面加工，由于数控铣削不能像普通铣床加工那样用试切法接刀，为了减小二次安装误差，最好采用统一基准定位，选择零件上已加工的孔、面组合作为定位基准。若没有合适的定位基准孔，也可以专门设置工艺孔或增加工艺凸台作为定位基准。若无法制出基准孔，最好选用精加工过的表面作为统一基准，以保证零件表面相对位置的正确性。

2. 对零件的结构进行工艺性分析

零件加工工艺取决于产品零件的结构形状、尺寸和技术要求等。关于零件的结构工艺性在本书第四章第二节中已经介绍，现就数控铣削加工的特点说明如下：

(1)改善零件的加工工艺性。

①尽可能采用对称结构，简化编程过程，如图 6-8 所示。

②增强内壁结构的刚性，以便采用大直径、高刚性的刀具加工，如图 6-9 所示。

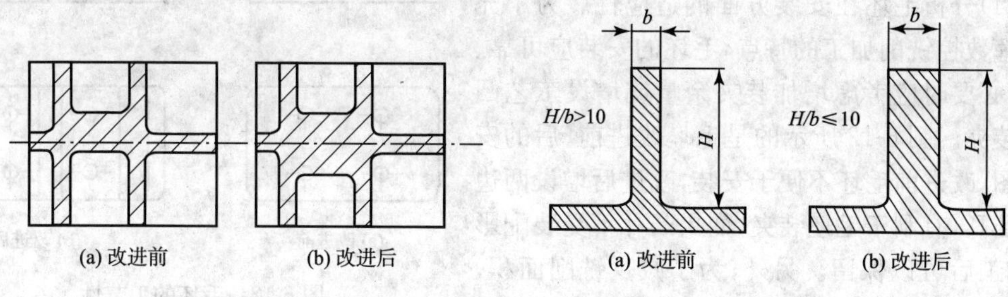

图 6-8　毛坯结构工艺性(一)　　图 6-9　毛坯结构工艺性(二)

③改进零件几何形状，例如以斜面筋代替阶梯筋，可简化编程、提高效率，如图 6-10 所示。

④尽可能统一圆弧尺寸，以便减少更换刀具次数，减少辅助时间，如图 6-11 所示。

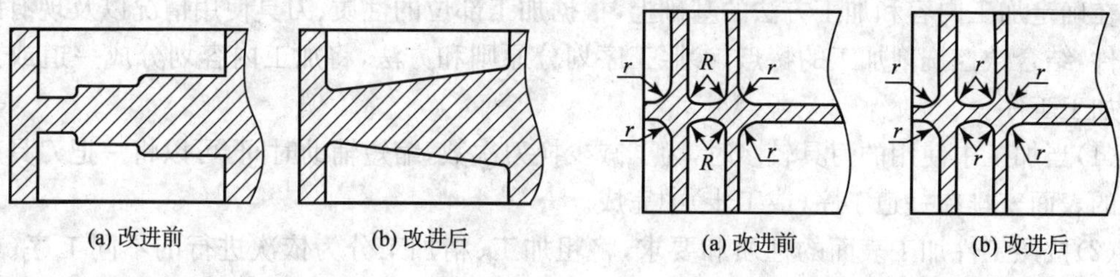

图 6-10　毛坯结构工艺性(三)　　图 6-11　毛坯结构工艺性(四)

(2)分析零件的变形情况，保证零件的加工精度。铣削工件时的变形将直接影响加工质量，可通过采用例如粗、精加工分开以及对称去余量等常规方法减少变形。当面积较大的薄板厚度小于 3 mm 时，切削力及薄板的弹性退让极易引起切削面的振动，使薄板厚度尺寸公差和表面粗糙度难以保证，此时应改进工件的装夹方式，采用合理的加工顺序和刀具切削参数进行加工来减少变形；也可采用热处理的方法，例如对钢件进行调质处理；对铸铝件进行退火处理等。

3. 对零件的毛坯进行工艺性分析

结合数控铣削的特点，对经常使用的铸件、模锻件、板料等毛坯进行工艺性分析，若毛坯不适合于数控铣削，则加工将很难进行下去，其所涉及的内容包括以下几个方面：

(1)毛坯的加工余量是否充分。模锻时，欠压量与允许的错模量会造成余量多少不均等；铸造时，因砂型误差、收缩量及金属液体的流动性差，不能充满型腔等造成余量不均等；另外，毛坯的翘曲与扭曲变形量的不同也会造成加工余量不充分、不稳定。而数控铣削加工由于加工过程的自动化，要求加工面均应有较充分的余量。因此应事先对毛坯的设计进行必要更改或在设计时就加以充分考虑，即在零件图样注明的加工面处要适当增加余量。

(2)批量生产时的毛坯余量是否稳定。在通用铣削加工中，批量生产也是采用单件划线、错位借料的方法来解决批量毛坯余量不稳定问题。但是采用数控铣削时，没有划线工序，一次装夹即对工件进行自动加工，如果毛坯余量不稳定将造成大量废件。因此，除板料外，不管是锻件、铸件还是型材，只要准备采用数控铣削加工，其加工面均应有较充分的余量。

(3)分析毛坯的余量大小及均匀性。在零件进行加工时，要分层切削，具体分几层切削，还要分析加工过程中与加工完成后的变形程度，考虑是否应采取预防性措施和补救措施。

(4)分析毛坯在安装方面的适应性。为了充分发挥数控铣削加工的特点，毛坯的安装应可靠、便捷，必要时应考虑增加装夹余量或增设工艺凸台来装夹。图 6-12 所示的是毛坯改进前、后的安装简图，改进前毛坯不便于安装，改进后增设两边工艺凸耳，有利于毛坯装夹，如果凸耳不受装配影响，加工后可以保留。另外，为了减少铣削面积，两排螺纹孔位置可以凸出来。

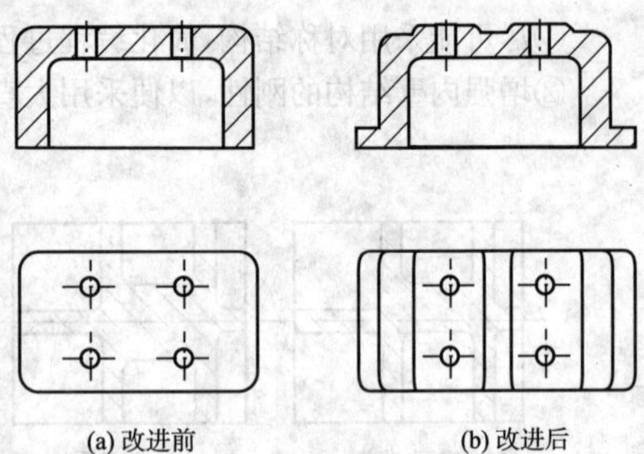

图 6-12 毛坯的工艺性

6.2.2 工序与装夹方法的确定

1. 工序的确定

在确定加工内容和加工方法的基础上，根据加工部位的性质、刀具使用情况以及现有的加工条件，结合数控铣削加工的特点，参照工序划分原则和方法，将加工内容划分成一道或几道铣削加工工序。

(1)当加工中使用的刀具较多时，为了减少换刀次数，缩短辅助时间，可以将一把刀具所能加工的表面安排在一道工序(或工步)中完成。

(2)按照工件加工表面的性质和要求，将粗加工、精加工分为依次进行的不同工序(或工步)。先进行所有表面的粗加工，然后进行所有表面的精加工。

一般情况下，为了减少工件加工中的周转时间，提高数控铣床的利用率，保证加工精度要求，在数控铣削工序划分的时候，应尽量使工序集中。当数控铣床的数量比较多，同时又有相应的技术措施保证工件的定位精度，为了更合理地平均机床的负荷，协调生产组织，也可以将加工内容适当分散。

2. 装夹方法的确定

(1)定位基准的选择。选择定位基准时，应注意减少装夹次数；优先选用工件上不需要铣削的平面和孔作为定位基准；对薄板件，选择的定位基准应有利于提高工件的刚性，以减小切削变形；定位基准应尽量与设计基准重合，以减小定位误差对尺寸精度的影响。

(2)夹具的选择。数控铣床上装夹工件的方法与普通铣床基本一样，所使用的夹具应力求结构简单、定位准确、夹紧可靠、操作方便，并配备与加工设备相适应的夹紧装置。同时，应将加工部位敞开，不能因工件的装夹影响切削加工。

6.2.3 加工顺序与进给路线的确定

1. 加工顺序的安排

在确定了工序的加工内容后，接下来就是进行详细的工步设计，即安排这些工序内容的加工顺序，同时考虑程序编制时刀具运动轨迹的设计。习惯上将一个工序的相关内容编制为一个加工程序，工步顺序实际上也就是加工程序的执行顺序。

数控铣削多采用工序集中的方式，工步顺序的确定可以参照普通加工工序的安排原则。按照从简单到复杂的原则，先加工平面、沟槽、孔，后加工外形、内腔，最后加工曲面；先加工精度要求低的表面，再加工精度要求高的部位等。

在数控铣床加工过程中，由于加工对象复杂多样，特别是轮廓曲线的形状及位置千变万化，加上材料、批量不同等多方面因素的影响，在确定加工顺序时，还应进行具体分析、区别对待、灵活处理。数控铣削加工顺序的安排应遵循以下原则：

(1)先粗后精。先粗后精是指按照粗铣→半精铣→精铣的顺序进行加工，逐步提高工件的加工精度。为了提高生产效率，保证零件的加工质量，在切削加工过程中，应先安排粗加工工序，在较短的时间内，将大量的加工余量切除掉，保证精加工的余量均匀性要求；当粗加工后所留余量的均匀性满足不了精加工要求时，还应安排半精加工作为过渡性工序，以便使精加工余量小而均匀；精加工时，零件的最终轮廓应连续加工完成。

(2)基准先行。用做精基准的表面应优先加工，为后续加工做好准备。因为定位基准的表面越精确，装夹误差就越小，所以任何零件的加工过程，总是首先对定位基准面进行粗加工和半精加工，必要时，还要进行精加工。例如，箱体零件总是先加工定位用的平面及定位孔，再以平面和孔为基准加工孔系和其他平面。

(3)先面后孔。对于箱体等零件，平面轮廓尺寸较大，以平面定位稳定性好；同时由于平面铣削力大，工件容易产生变形，先铣平面后加工孔，可以减少切削力引起的变形对孔加工精度的影响。

(4)先内后外。数控铣削加工一般先进行内腔加工，再进行外形加工。

(5)刀具连续加工。以相同定位、夹紧方式或同一把刀具加工的工序，最好连续进行，以减少重复定位次数与换刀次数。

(6)在同一次安装中进行的多道工序加工，应先安排对工件刚性破坏较小的工序。

总之，加工顺序的安排应根据零件的结构、毛坯状况以及定位与夹紧、两道工序之间是否穿插有通用机床加工工序等确定。

2. 进给路线的确定

合理的进给路线不但可以提高切削效率，而且还可以保证零件的加工质量。在确定进给路线时，首先应遵循数控加工工艺所要求的普遍性原则。对于数控铣削加工，还应重点考虑两个方面：在保证零件加工精度和表面粗糙度的条件下，尽量缩短进给路线，提高生产率；应使数值计算简单，程序段数量少，减少编程工作量。

铣削有顺铣和逆铣两种方式，对于不同的铣削方式，进给路线的安排是不同的。采用顺铣加工，零件已加工表面质量好，刀齿磨损小，常用于精铣，尤其是铣削铝镁合金、钛合金或耐热合金等材料。当工件表面无硬皮、机床进给机构无间隙时，应优先选用顺铣，按照顺铣安排进给路线；当工件表面有硬皮、机床的进给机构有间隙时，应选用逆铣，按照逆铣安排进给路线，因为逆铣时，刀齿是从已加工表面切入，不会崩刃，机床进给机构的间隙也不会引起振动和爬行。

对于不同工件的轮廓形状，其进给路线的安排还要根据实际情况来确定，大致分为以下几种方案：

(1)铣削平面外轮廓的进给路线。铣削平面零件外轮廓，一般采用立铣刀侧刃切削。刀具切入工件时，为防止在切入处产生刀具的刻痕，尽量避免沿工件外轮廓的法向切入，而应沿切削起始点延伸线或切线方向逐渐切入工件，保证零件曲线的平滑过渡；在切离工件时，也应避免在切削终点处直接抬刀，尽量沿着切削终点延伸线或切线方向逐渐切离工件，如图 6-13所示。

(2)铣削平面内轮廓的进给路线。铣削封闭的内轮廓表面时，同铣削外轮廓一样，刀具尽

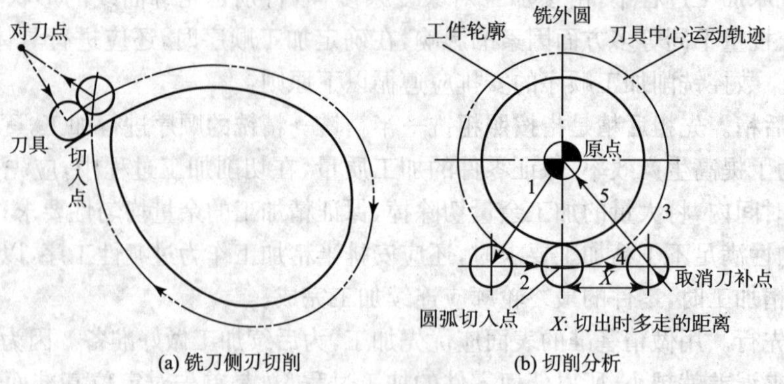

图 6-13　外轮廓的刀具进给路线

可能避免沿轮廓曲线的法向切入和切出，最好沿一过渡圆弧切入和切出工件轮廓。图 6-14 所示为铣削内圆的进给路线。图中 R_1 为零件圆弧轮廓半径，R_2 为过渡圆弧半径。

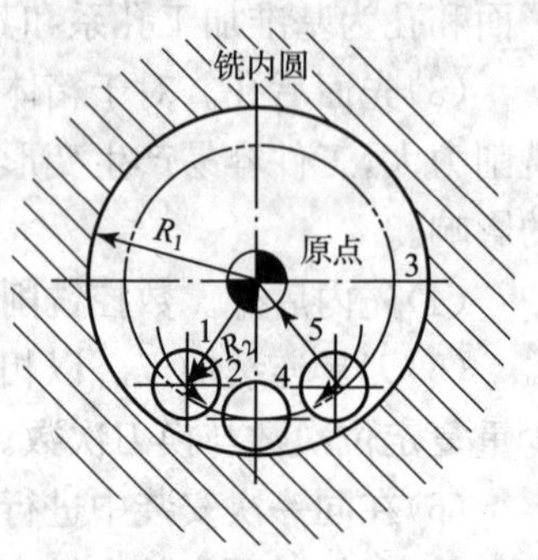

图 6-14　内轮廓的刀具进给路线

(3)铣削平面内槽的进给路线。所谓内槽是指以封闭曲线为边界的平底凹槽。这种内槽在飞机零件上常见，一律用平底立铣刀加工。刀具圆角半径应同内槽圆角相对应。图 6-15(a)、(b)所示分别为采用行切法和环切法加工内槽的进给路线示意图。它们的共同点是都能切净内腔中全部面积，不留死角，不伤轮廓，同时能尽量减少重复进给的搭接量。不同点是行切法的进给路线比环切法短，但行切法将会在每两次进给的起点与终点间留下残留面积，达不到所要求的表面粗糙度；用环切法获得的表面粗糙度要好于行切法，但环切法需要逐次向外扩展轮廓线，刀位点计算稍复杂一些。综合行、环切法的优点，采用图 6-15(c)所示的进给路线，即先用行切法切去中间部分余量，最后用环切法走一刀，这样既能使总的进给路线较短，又能获得较好的表面粗糙度。

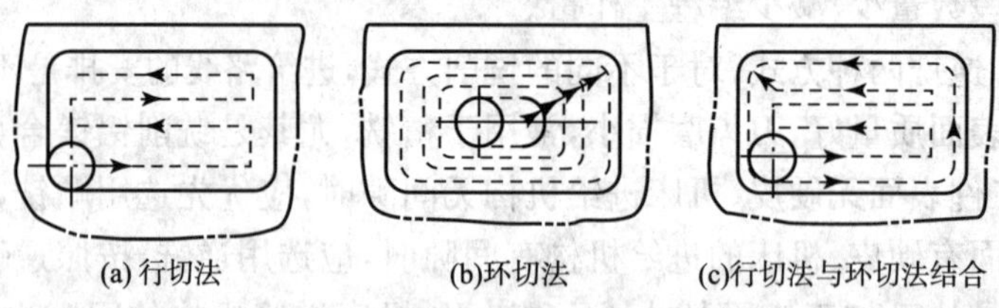

图 6-15　铣内槽的三种进给路线

(4)铣削曲面类零件的进给路线。在机械加工中，常会遇到各种曲面类零件，例如模具、叶片螺旋桨等。由于这类零件型面复杂，需用多坐标联动加工，因此多采用数控铣床、加工中心进行加工。对于边界敞开的直纹曲面，常采用球头铣刀进行行切法铣削加工，即刀具与零件轮廓的切点轨迹是一行一行的，行间距依照零件加工精度要求确定，如图 6-16 所示；对于高精度的立体曲面零件，应采用三轴联动的铣削方法。采用三坐标联动方式进行加工的曲面精度要高于行切法铣削的曲面精度，如图 6-17 所示。

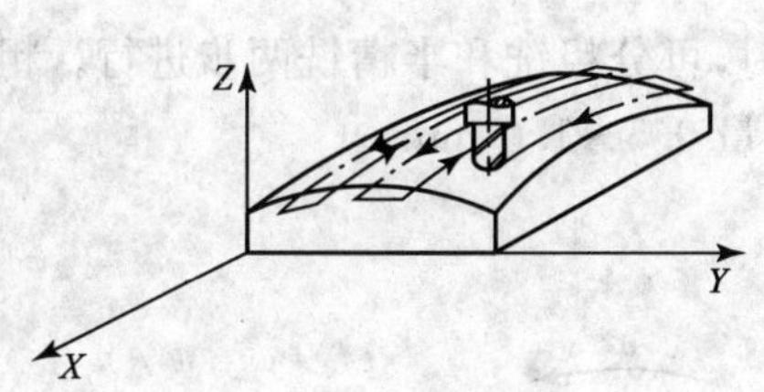

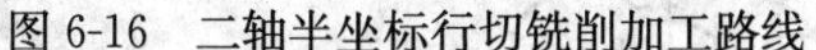
图 6-16　二轴半坐标行切铣削加工路线

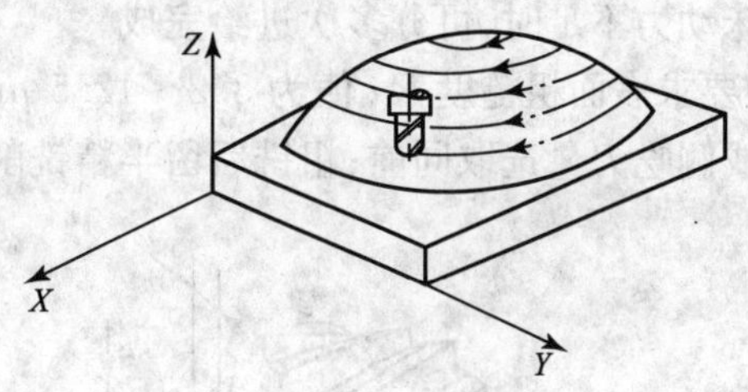

图 6-17　三轴联动铣削加工路线

6.2.4　铣削刀具的选择

数控铣刀的种类很多，主要包括盘铣刀、端铣刀、成型铣刀、球头铣刀、鼓型铣刀等，在进行数控铣削加工时，应根据零件的结构特点和加工工艺选择相应的铣刀类型，对于铣刀本身还需考虑以下几点要求：

1. 刚性好

铣刀刚性要好，一是为提高生产效率而采用大切削用量的需要；二是为适应数控铣床加工过程中难以调整切削用量的特点。如果工件各处的加工余量相差悬殊，对于通用铣床加工很容易采取分层铣削方法加以解决；而数控铣削就必须按程序规定的走刀路线进行，遇到余量大时无法像通用铣床那样可调整，除非在编程时能够预先考虑到，否则铣刀必须返回原点，用改变切削面高度或加大刀具半径补偿值的方法从头开始加工，多走几刀，这样势必造成余量少的地方走空刀，降低了切削效率。另外，在通用铣床上加工时，若遇到刚性较差的刀具，也比较容易从振动、手感等方面及时发现并及时调整切削用量加以弥补，而数控铣削时则很难办到。在数控铣削中，因铣刀刚性较差而断刀并造成工件损伤的事例是常有的，所以解决数控铣刀的刚性问题是至关重要的。

2. 耐用度高

铣刀的耐用度要高。当一把铣刀加工的内容很多时，如果刀具不耐用而磨损较快，就会影响工件的表面质量与加工精度，还会增加换刀引起的调刀与对刀次数，也会使工作表面留下因对刀误差而形成的接刀痕，降低了工件的表面质量。

除上述两点之外，铣刀切削刃的几何角度的选择及排屑性能等也非常重要；切屑粘刀形成积屑瘤在数控铣削中是不允许的。总之，根据被加工工件材料的热处理状态、切削性能及加工余量，选择刚性好，耐用度高的铣刀，是充分发挥数控铣床的生产效率和获得满意的加工质量的前提。

6.2.5　铣削用量的选择

铣削用量包括：背吃刀量和侧吃刀量、进给速度和切削速度，如图 6-18 所示。

从刀具耐用度出发，切削用量的选择原则：先选取背吃刀量或侧吃刀量，再选择进给速度，最后确定切削速度。

1. 背吃刀量（端铣）与侧吃刀量（圆周铣）

背吃刀量或侧吃刀量的选取主要由加工余量和对表面质量的要求决定。

(1)工件表面粗糙度值要求为 $Ra12.5\sim25\ \mu m$ 时，如果圆周铣削的加工余量小于 5 mm，端铣的加工余量小于 6 mm，粗铣一次进给就可以达到要求。但在余量较大，工艺系统刚性较差或机床动力不足时，可分多次进给完成。

(2)要求表面粗糙度 Ra 值为 3.2～12.5 μm 时，可分粗铣和半精铣两步进行。粗铣时背吃刀量或侧吃刀量选取同前；粗铣后留半精铣削余量 0.5～1.0 mm。

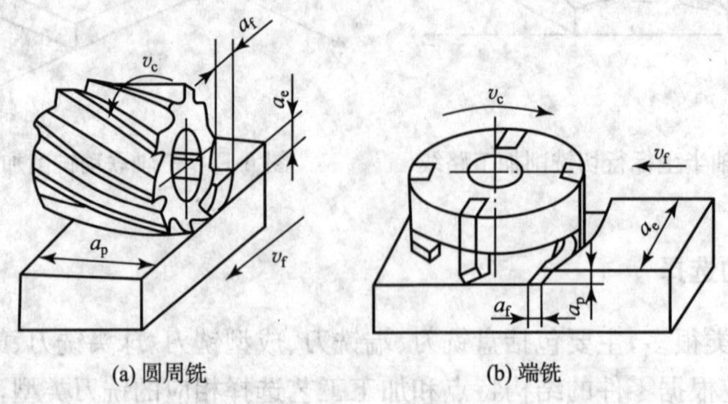

图 6-18 铣削切削用量

(3)要求工件表面粗糙度 Ra 值为 0.8～3.2 μm 时，可分粗铣、半精铣、精铣三步进行。半精铣时背吃刀量或侧吃刀量取 1.5～2 mm；精铣时圆周铣侧吃刀量取 0.3～0.5 mm，面铣刀背吃刀量取 0.5～1 mm。

2. 进给速度

进给速度 V_f 是单位时间内工件与铣刀沿进给方向的相对位移，单位为 mm/min。它与铣刀转速 n (r/min)、铣刀齿数 z (个)及每齿进给量 f_z(mm/z)的关系为

$$V_f = fn = f_z zn \tag{6-1}$$

每齿进给量 f_z 的选取主要取决于工件材料的力学性能、刀具材料、加工表面粗糙度等因素。工件材料的强度和硬度较高，f_z 取小值；反之取大值。硬质合金铣刀的每齿进给量高于同类高速钢铣刀。工件表面粗糙度要求高，f_z 应取小值。每齿进给量的确定可参考表 6-1 所示的参数进行选取。工件刚性差或刀具强度低时，应取小值。

表 6-1 铣刀每齿进给量 f_z 的数值 (单位：mm/z)

工件材料	粗铣		精铣	
	高速钢铣刀	硬质合金铣刀	高速钢铣刀	硬质合金铣刀
钢	0.10～0.15	0.10～0.25	0.02～0.05	0.10～0.15
铸铁	0.12～0.20	0.15～0.30		

3. 切削速度

铣削的切削速度计算公式为

$$v_c = \frac{c_v d^q}{T^m f_z^{y_v} \alpha_p^{x_v} \alpha_e^{p_v} Z^{x_v} 60^{1-m}} K_V \tag{6-2}$$

由上式可知：铣削的切削速度与刀具耐用度 T、每齿进给量 f_z、背吃刀量 α_p、侧吃刀量 α_e 以及铣刀齿数 Z 成反比，而与铣刀直径 d 成正比。其原因为 f_z、α_p、α_e 和 Z 增大时，刀刃负荷增加，同时工作齿数也增多，使切削热增加，刀具磨损加快，从而限制了切削速度的提高。刀具耐用度的提高使允许使用的切削速度降低；但增大铣刀直径 d 则可改善散热条件，有利于提高切削速度。

铣刀的切削速度可参考表 6-2 所示参数进行选取。

表 6-2　铣削速度 v_c 数值的选取　(单位:m/min)

工件材料	硬度(HBS)	高速钢铣刀	硬质合金铣刀
钢	<225	18～24	66～150
	225～325	12～36	54～120
	325～425	6～21	36～75
铸铁	<190	21～36	66～150
	190～260	9～18	45～90
	260～320	4.5～10	21～30

6.3　典型零件的数控铣削加工工艺

6.3.1　凸轮零件的数控铣削加工工艺分析

槽形凸轮零件如图 6-19 所示。在数控铣削加工前,ϕ45 内孔、ϕ75 轮毂、前后端面、外圆已在卧式车床上加工完成;内孔键槽在拉床上加工完成;外圆中间半圆形减重槽在普通铣床上加工完成。本例讨论外轮廓、中间凸轮内滚子槽的加工,该零件的材料为 HT200,批量生产。

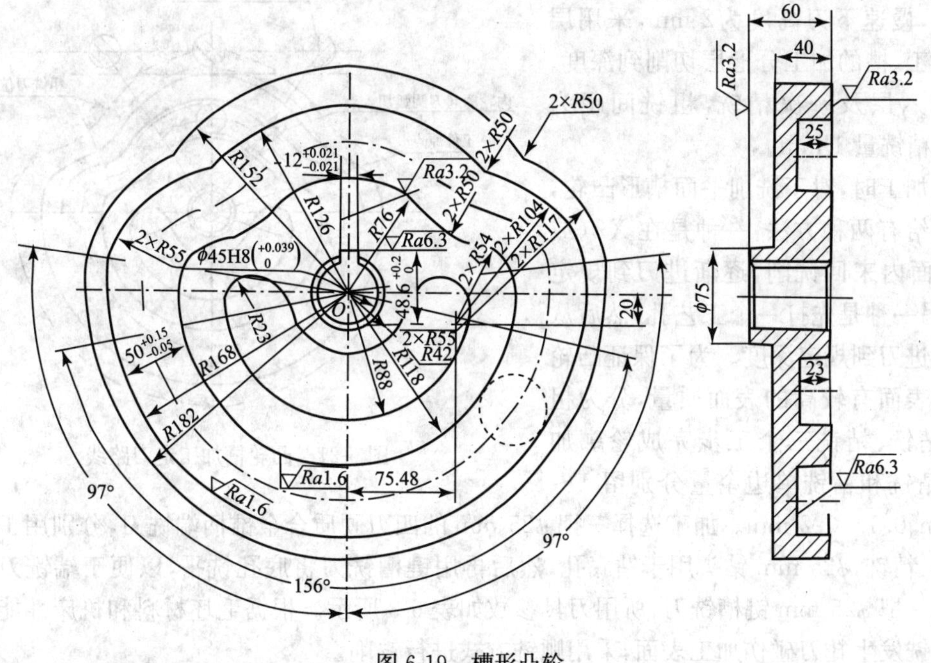

图 6-19　槽形凸轮

1. 分析零件图样

该零件所要加工的部分为:

(1)凸轮外轮廓,由 R152 mm、2×R50 mm、2×R117 mm、R182 mm 六段圆弧组成。

(2)圆弧槽,由 R126 mm、2×R50 mm、2×R104 mm、R168 mm 六段圆弧组成圆弧槽的外侧;由 R76 mm、2×R50 mm、2×R54 mm、R118 mm 六段圆弧组成圆弧槽的内侧。

组成轮廓的各几何元素关系清楚，条件充分，基点坐标图中均已给出，材料为铸铁，切削工艺性较好。

2. 铣削加工工艺分析

根据毛坯的特点，选择 ϕ45 mm 的孔、ϕ75 mm 外圆端面以及键槽定位，用一块 R147 mm、2×R45 mm、2×R112 mm、R177 mm 六段圆弧组成凸轮垫块，在垫块上精镗孔 ϕ76 mm 深 25 mm，垫块平面度为 0.05 mm。该零件在加工前，先固定夹具的平面，使圆柱销的中心线与机床 Z 轴平行，夹具平面要保证与工作台面平行，并用百分表检查，凸轮装夹示意图如图 6-20所示。

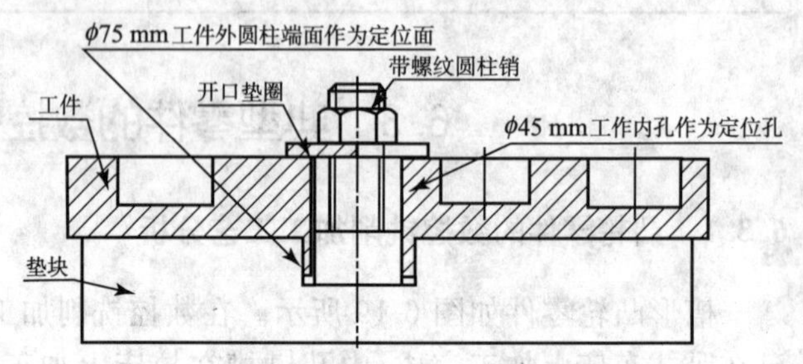

图 6-20 槽形凸轮装夹示意图

(1) 确定加工顺序。走刀路线如图 6-21所示。工件原点设在孔端面中心位置上，整个零件的加工顺序按照基面先行、先粗后精的原则确定。先加工凸轮槽的外轮廓表面，然后加工内凸轮槽。具体安排如下：

走刀分平面内进给走刀和深度进给走刀两部分。平面内进给走刀，对外轮廓是从切线方向切入，对内轮廓是从过渡圆弧切入；深度进给走刀，安全高度为 50 mm，慢速下刀高度为2 mm，采用层切法加工，槽的加工分七层切削到深度。粗铣分六层及一次精铣，粗铣间距为 4 mm、精铣量 1 mm。

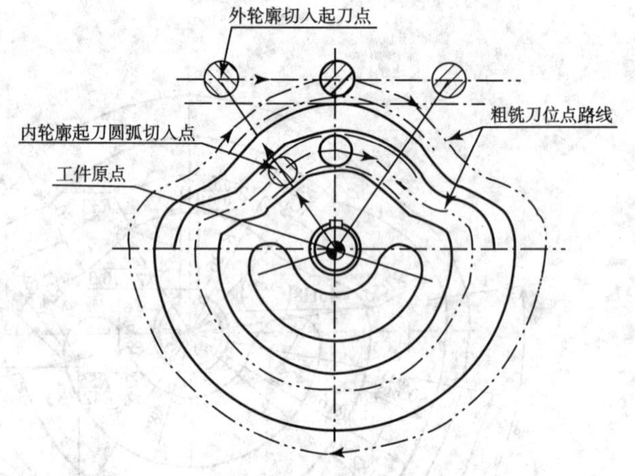

图 6-21 凸轮槽加工走刀路线

在加工时，对于铣削平面槽形凸轮，深度进给有两种方法：一种是在 XZ(或 YZ)平面内来回铣削，逐渐进刀到规定深度；另一种是先打一个工艺孔，然后从工艺孔进刀到规定深度。为了保证凸轮的轮廓表面有较高的表面质量，分为粗铣、半精铣、精铣三个工步完成轮廓加工，半精铣和精铣单边余量分别留 1～1.5 mm、0.1～0.2 mm。加工选择三把 ϕ25 mm 的四刃硬质合金锥柄端铣刀，分别用于粗铣、半精铣、精铣，ϕ25 mm 钻头用于钻底孔，然后再用键槽铣刀将底孔铣平，以便于端铣刀下刀，因此选一把 ϕ25 mm 键槽铣刀，所用刀具参数如表 6-3 所示。根据毛坯材料和机床性能，为了防止逆铣发生扎刀碰伤加工表面，采用顺铣方式进行铣削。

表 6-3 数控加工刀具参数卡片

数控加工刀具卡			产品型号		零件图号		合同号	共 页
单 位			产品名称		零件名称	槽形凸轮		第 页
机床型号		机床名称		调刀设备型号			调刀工	
程序编号		工序号		工序名称			磨刀工	

续上表

序号	刀具号(H)	刀具规格、名称及标准号	刀柄型号	刀具补偿量				工步号	备 注
				刀具长度测量值 mm	长度补偿地址(H)	刀具半径测量值 mm	半径补偿地址(D)		
1	T01	中心孔钻 ϕ6 mm		3.5	H01				
2	T02	钻头 ϕ25 mm		5.5	H02				
3	T03	精键槽铣刀 ϕ25 mm		85.7	H03	ϕ24.98	D03		
4	T04	四刃粗立铣刀 ϕ25 mm		75.5	H04	ϕ25.08	D04		
5	T05	四刃半精立铣刀 ϕ25 mm		72.2	H05	ϕ25.06	D05		
6	T06	四刃精立铣刀 ϕ25 mm		78.2	H06	ϕ25.02	D06		
标记	处数	通知单编号	签 字	日 期	设 计	审 核	会 签	批准日期	

(2)编制机械加工工艺。机械加工工艺过程如表 6-4 所示。

表 6-4 机械加工工艺过程卡片

工序号	工序名称	作 业 内 容	加工设备
1	下料	ϕ190 mm×75 mm	锯床
2	车	车削 ϕ182 外圆、ϕ45 内孔、ϕ75 轮毂	车床
3	拉	拉 ϕ45 内孔键槽	拉床
		工 件 装 夹	
4	粗铣、半精铣、精铣外轮廓;粗铣、半精铣、精铣凸轮槽两侧边。	(1)用三把 ϕ25 mm 四刃立铣刀分别粗铣、半精铣、精铣凸轮外轮廓,即 R152 mm、2×R50 mm、2×R117 mm、R182 mm 六段圆弧; (2)用 ϕ6 中心钻在凸轮槽的圆弧切入点钻孔定位,深度 3 mm; (3)用 ϕ25 钻头在定位孔处钻工艺孔,深度 25.4 mm; (4)用 ϕ25 键槽铣刀加工底孔; (5)用三把 ϕ25 mm 四刃立铣刀分别粗铣、半精铣、精铣凸轮槽,即由 R126 mm、2×R50 mm、2×R104 mm、R168 mm 六段圆弧组成圆弧槽的外侧边; (6)用三把 ϕ25 mm 四刃立铣刀分别粗铣、半精铣、精铣凸轮槽,即 R76 mm、2×R50 mm、2×R54 mm、R118 mm 六段圆弧组成圆弧槽的内侧边。	数控铣床/加工中心
5	去毛刺		
6	检验		

(3)编制数控加工工艺。数控加工工序如表 6-5 所示。

表 6-5 数控加工工序卡片

数控加工工序卡				产品型号		零件图号		合同号	共 页
单 位				产品名称		零件名称			第 页
机床型号		机床名称		夹具编号		夹具名称		切削液	
工序号		工序名称				程序编号		备注	

续上表

<table>
<tr><th>工步号</th><th colspan="3">作业内容</th><th>刀具号</th><th>刀具名称、规格</th><th>主轴转速
(r/min)</th><th>进给速度
(mm/min)</th><th>背吃刀量
(mm)</th></tr>
<tr><td></td><td colspan="3">专用夹具安装凸轮件</td><td></td><td></td><td></td><td></td><td></td></tr>
<tr><td>1</td><td colspan="3">手动对刀(中心钻、钻头、键槽铣刀、铣刀)</td><td></td><td></td><td></td><td></td><td></td></tr>
<tr><td>2</td><td colspan="3">钻中心孔</td><td>T01</td><td>中心孔钻 ϕ6 mm</td><td>1 000</td><td>80</td><td></td></tr>
<tr><td>3</td><td colspan="3">钻孔</td><td>T02</td><td>钻头 ϕ25 mm</td><td>500</td><td>60</td><td></td></tr>
<tr><td>4</td><td colspan="3">铣底孔</td><td>T03</td><td>键槽铣刀 ϕ25 mm</td><td>700</td><td>60</td><td></td></tr>
<tr><td>5</td><td colspan="3">粗铣凸轮外轮廓</td><td rowspan="2">T04</td><td rowspan="2">粗立铣刀 ϕ25 mm</td><td>800</td><td>60</td><td>4～5</td></tr>
<tr><td>6</td><td colspan="3">粗铣凸轮内轮廓槽</td><td>800</td><td>60</td><td>4～5</td></tr>
<tr><td>7</td><td colspan="3">半精铣凸轮外轮廓</td><td rowspan="3">T05</td><td rowspan="3">半精立铣刀 ϕ25 mm</td><td>1 000</td><td>100</td><td>1～1.5</td></tr>
<tr><td>8</td><td colspan="3">半精铣凸轮内轮廓槽外侧边</td><td>1 000</td><td>100</td><td>1～1.5</td></tr>
<tr><td>9</td><td colspan="3">半精铣凸轮内轮廓槽内侧边</td><td>1 000</td><td>100</td><td>1～1.5</td></tr>
<tr><td>10</td><td colspan="3">精加工凸轮外轮廓</td><td rowspan="3">T06</td><td rowspan="3">精立铣刀 ϕ25 mm</td><td>1 300</td><td>150</td><td>0.8～1</td></tr>
<tr><td>11</td><td colspan="3">精铣凸轮内轮廓槽外侧边</td><td>1 300</td><td>150</td><td>0.8～1</td></tr>
<tr><td>12</td><td colspan="3">精铣凸轮内轮廓槽内侧边</td><td>1 300</td><td>150</td><td>0.8～1</td></tr>
<tr><td>13</td><td colspan="3">精度检验</td><td></td><td></td><td></td><td></td><td></td></tr>
<tr><td>标 记</td><td>处 数</td><td>通知单编号</td><td>签 字</td><td>日 期</td><td>设 计</td><td>审 核</td><td>会 签</td><td>批准日期</td></tr>
<tr><td></td><td></td><td></td><td></td><td></td><td></td><td></td><td></td><td></td></tr>
</table>

6.3.2 箱体零件的数控铣削加工工艺分析

箱体是机械设备的基础零件，它将机械中的轴、套、齿轮等有关零件组装成一个整体，使它们之间保持正确的相互位置，并按照一定的传动关系协调地传递运动或动力。箱体结构多种多样、形状复杂、壁薄且不均匀，内部呈腔形，加工部位多，加工难度大，既有精度要求较高的孔系和平面，也有许多精度要求较低的紧固孔。

图 6-22 所示为箱体零件，该零件为铸件，材料为 HT200，批量生产，其中型腔、ϕ50 mm 轴承支承孔已铸出。该零件需要加工的部位有：底面、100 mm×100 mm×10 mm 底面通槽、顶面 120 mm×70 mm×70 mm 型腔、6×M5×1.5 螺纹孔、两侧通孔凸台、两个沉头孔、ϕ50 mm 通孔。

1. 分析零件图样

箱体上轴承支承孔 $\phi50^{+0.03}_{0}$ mm 的尺寸精度为 H7、同轴度为 ϕ0.02 mm、表面粗糙度 Ra 值为 1.6 μm，这些要求都必须给以保证，否则将影响轴承与箱体孔的配合精度，使轴的回转精度下降。另外还有型腔、上表面、沉孔有垂直度(0.04 mm)要求、六个螺纹孔中心距尺寸精度为 136±0.04 mm、86±0.02 mm 及底面通槽的加工。

对于尺寸精度要求，主要通过在加工过程中的精确对刀、正确选用刀具的磨损量及合理的加工工艺等措施来保证。

对于表面粗糙度的要求，主要通过选用正确的粗、精加工路线及合适的切削用量等工艺措施来保证。

2. 工艺准备

(1)设备选用。加工底面、底面通槽(需找正装夹)、上表面、上型腔、沉孔、螺纹孔、两侧轴

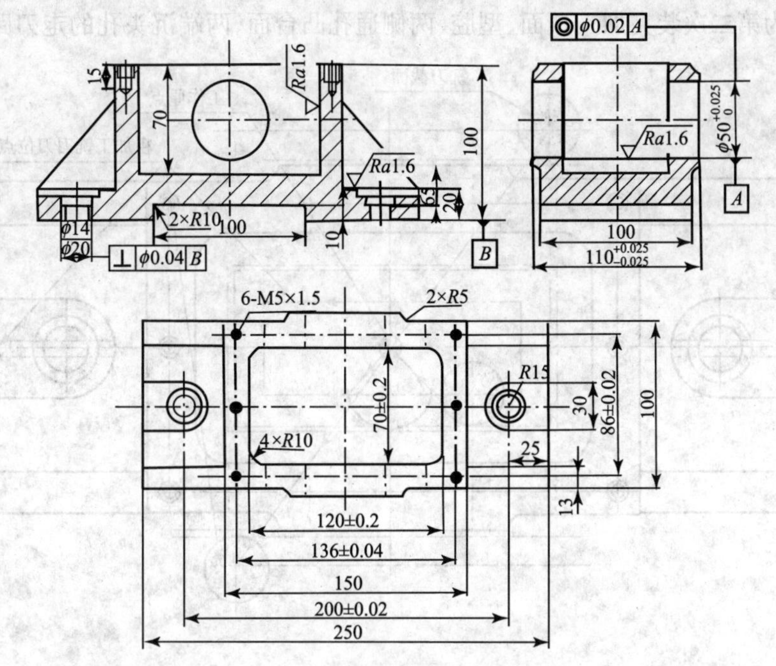

图 6-22　箱体零件

承支承孔台阶面等采用立式加工中心；加工两侧轴承支承孔选用卧式加工中心。

(2)量具选用。0～150 mm 深度尺及游标卡尺、高度尺或万能高度仪、ϕ50～ϕ75 mm 内径百分表。

(3)夹具选用。专用夹具。

(4)刀具选用。根据加工内容选 R 型面铣刀(ϕ80 mm、R10 mm)、ϕ20 mm 粗、精立铣刀、ϕ3 mm 中心钻、ϕ14 mm 钻头、ϕ4.2 mm 钻头、M5 丝锥、ϕ47 mm 粗镗刀、ϕ49.7 mm 精镗刀、ϕ50 mm 浮动镗刀等，如表 6-6 所示。

3. 铣削加工工艺分析

(1)先基准，后其他。箱体零件加工的一般规律是先粗、精加工基准面，再加工其他表面，也称基准先行原则。先用粗基准定位粗、精加工出基准面，为下一步加工提供一个精确、可靠的定位基准面。本例应先粗、精加工底面，然后以此面作为基准加工孔及其他面。图 6-23 所示为第一次装夹加工箱体零件底面、底面通槽走刀路线图。

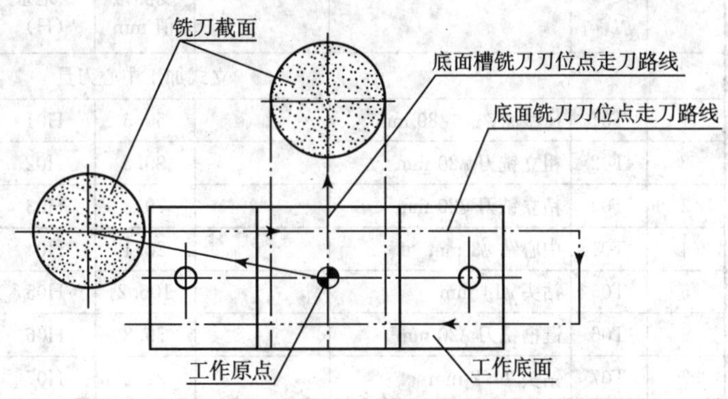

图 6-23　第一次装夹加工底面、底面通槽走刀路线

(2)先面后孔。平面通常是箱体的装配基准，先加工平面，为孔的加工提供可靠的定位基准，再以平面作为精基准加工孔；由于箱体上的孔分布在平面上，先加工平面可以去除铸件毛坯表面的硬皮和凸凹不平、夹砂等缺陷；对后续孔的加工有利，可防止钻头引偏和崩刃现象。

图 6-24 所示为第二次装夹加工顶面、型腔、两侧通孔凸台面、两端沉头孔的走刀路线。

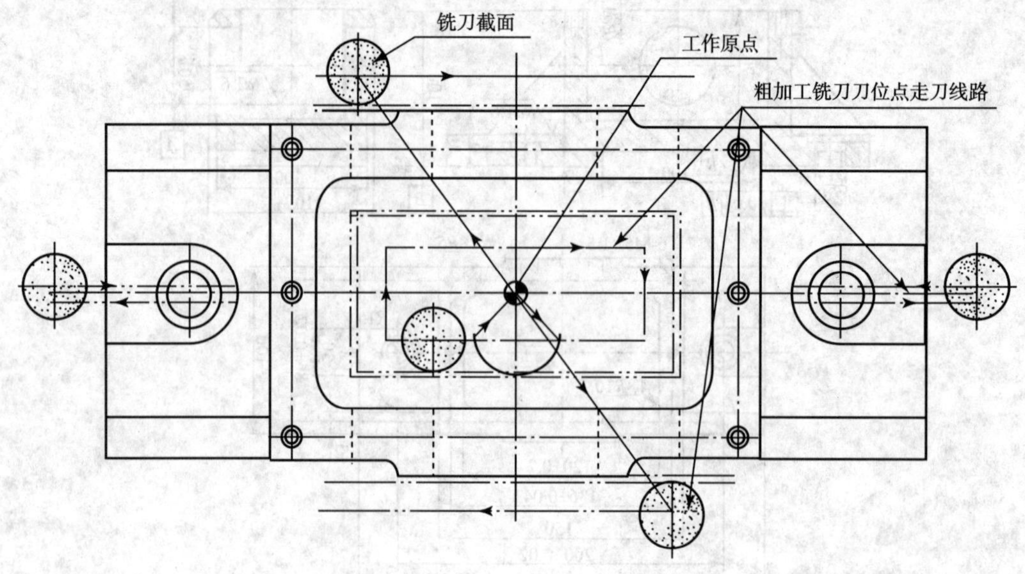

图 6-24　第二次装夹加工顶面、型腔、两侧通孔凸台、两端沉头孔走刀路线

表 6-6　数控加工刀具参数卡片

数控加工刀具卡			产品型号		零件图号			合同号	共　页
单　位			产品名称		零件名称	槽形凸轮			第　页
机床型号		机床名称		调刀设备型号				调刀工	
程序编号		工序号		工序名称				磨刀工	
序号	刀具号（H）	刀具规格、名称及标准号	刀柄型号	刀具补偿量：刀具长度测量值 mm	长度补偿地址（H）	刀具半径测量值 mm	半径补偿地址（D）	工步号	备　注
立式加工中心刀具									
1	T01	R 型面铣刀 ϕ80 mm		50.5	H01	ϕ80.2	D01		
2	T02	粗立铣刀 ϕ20 mm		80.5	H02	ϕ20.05	D02		
3	T03	精立铣刀 ϕ20 mm		79.8	H03	ϕ20.0	D03		
4	T04	中心钻 ϕ3 mm		20.1	H04	ϕ3			
5	T05	钻头 ϕ14 mm		106.2	H05	ϕ13.98			
6	T06	键槽铣刀 ϕ20 mm		79.8	H06	ϕ20.02	D06		
7	T07	钻头 ϕ4.2 mm		21.2	H07	ϕ4.2			
8	T08	丝锥 M5×1.5 mm		19.8	H08	ϕ5			
卧式加工中心刀具									
9	T09	粗镗刀 ϕ47 mm		120.5	H09	ϕ47.1			
10	T10	半精镗刀 ϕ49.2 mm		121.2	H10	ϕ49.3			
11	T11	浮动精镗刀 ϕ50 mm		122.1	H11	ϕ50.0			
标记	处　数	通知单编号	签　字	日　期	设　计	审　核	会　签	批准日期	

(3)根据毛坯材料和机床性能,采用顺铣方式进行铣削。

(4)为了减少装夹次数、降低成本,可将粗、精加工合并在一道工序进行。对于两侧箱体支承孔的加工,由于该件为批量生产,为提高生产效率应转到卧式加工中心上进行。工艺采用粗镗→半精镗→浮动镗,以保证轴承孔的精度和表面质量要求。

(5)编制数控加工工序。数控加工工序如表 6-7 所示。

表 6-7　数控加工工序卡片

数控加工工序卡	产品型号		零件图号		合同号	共　页
单　位	产品名称		零件名称			第　页
机床型号	机床名称	夹具编号	夹具名称		切削液	
工序号	工序名称		程序编号		备注	
工步号	作业内容	刀具号	刀具名称、规格	主轴转速 (r/min)	进给速度 (mm/min)	背吃刀量 (mm)
在立式加工中心上第一次装夹						
1	手动对刀(R 型面铣刀 ϕ80 mm)					
2	粗铣底面、底面通槽	T01	R 型面铣刀 ϕ80 mm	300	80	3.5
3	精铣底面、底面通槽			1 000	300	0.5
在立式加工中心上第二次装夹						
4	手动对刀					
5	粗铣顶面、型腔、两侧支承孔凸台面、两端沉头孔顶面	T02	粗立铣刀 ϕ20 mm	300	80	3.5
6	精铣顶面、型腔、两侧支承孔凸台面、两端沉头孔顶面	T03	精立铣刀 ϕ20 mm	1 000	300	0.5
7	钻中心孔八处	T04	中心钻 ϕ3 mm	1 000	50	
8	钻 ϕ14 mm 孔两处	T05	钻头 ϕ14 mm	500	30	
9	铣两端 ϕ20 mm 孔	T06	键槽铣刀 ϕ20 mm	1 000	50	
10	钻 ϕ4.2 mm 孔六处	T07	钻头 ϕ4.2 mm	500	30	
11	攻螺纹 M5 六处	T08	丝锥 M5×1.5 mm	300	20	
在卧式加工中心上装夹						
12	手动对刀					
13	粗镗两侧轴承支承孔	T09	粗镗刀 ϕ47 mm	400	60	5
14	半精镗两侧轴承支承孔	T10	半精镗刀 ϕ49.7 mm	500	50	2.7
15	精镗两侧轴承支承孔	T11	浮动精镗刀 ϕ50 mm	600	40	0.3
16	精度检验					

标记	处　数	通知单编号	签　字	日　期	设　计	审　核	会　签	批准日期

思考与复习题

1. 数控铣削的主要加工对象有几类?
2. 数控铣削加工工艺分析主要包括哪些内容?
3. 数控铣削加工顺序的安排应遵循哪些原则?
4. 简述数控铣削加工中定位基准的选择原则。
5. 数控铣削进给路线的确定原则主要有哪几点?

7 机械加工质量

任何机械产品都由各种零件装配而成,零件的质量将直接影响机械产品的使用性能和寿命,因此在加工制造零件时必须保证其质量。零件的机械加工质量包括机械加工精度和表面质量两方面,只有这两方面都达到了设计要求,才能认为该零件合格。

7.1 机械加工精度

7.1.1 加工精度的概念

加工精度是加工后零件表面的实际尺寸、形状、位置等几何参数与图纸要求的理想几何参数的相符合程度。理想的几何参数,对尺寸而言就是平均尺寸;对表面几何形状而言就是绝对的圆、圆柱、平面、锥面和直线等;对表面之间的相互位置而言就是绝对的平行、垂直、同轴、对称等。零件实际几何参数与理想几何参数的偏离数值称为加工误差。

加工精度和加工误差是从两个不同的角度来评定加工零件的几何参数的。加工精度的低和高就是通过加工误差的大与小来表示的。研究加工精度的目的,就是研究如何将各种误差控制在允许的范围之内,弄清楚各种因素对加工精度的影响规律,从而提出减少加工误差、提高加工精度的途径和针对性的措施。

任何加工方法所得到的实际参数都不会绝对准确,从零件的功能看,只要加工误差在零件图样要求的公差范围内,就认为保证了加工精度。加工精度包括以下三个方面的内容:

(1)尺寸精度:指加工后零件的实际尺寸与零件尺寸的公差带中心的相符合程度。

(2)形状精度:指加工后的零件表面的实际几何形状与理想的几何形状的相符合程度。

(3)位置精度:指加工后零件有关表面之间的实际位置与理想位置的相符合程度。

7.1.2 原始误差

工艺系统中各方面的误差都有可能造成工件的加工误差,能直接引起工件加工误差的各种因素称为原始误差。根据原始误差的性质、状态,可将其归纳为:原理误差、工艺系统几何误差、工艺系统受力变形引起的误差、工艺系统受热变形引起的误差等。

另外,误差是有方向的。在原始误差中,不一定每个方向上的误差都会全部反映到工件上。例如在牛头刨床上刨平面,若刀具在垂直方向上的运动轨迹有误差,则该误差会全部传给工件,造成工件的平面度误差;若刀具在水平方向上的运动轨迹有误差,则对工件的加工精度没有影响。此时,垂直方向称为加工误差的“敏感方向”,水平误差称为加工误差的“非敏感方向”。一般地,加工误差的敏感方向为工件加工表面的法线方向,非敏感方向为工件加工表面的切线方向。

7.1.3　影响加工精度的主要因素

工艺系统中的各组成部分(包括机床、刀具、夹具等)的制造误差、安装误差和使用中的磨损都直接影响工件的加工精度。也就是说,在加工过程中工艺系统会产生各种误差,从而改变刀具与工件在切削运动过程中的相互位置关系,影响零件的加工精度。这些误差与工艺系统本身的结构状态和切削过程有关。

1. 原理误差对加工精度的影响

原理误差是指因采用了近似的成形运动或近似的刀具切削刃形状进行加工而产生的加工误差。例如车削蜗杆时,因采用了近似的传动挂轮齿数而造成了工件的导程误差;用模数铣刀加工渐开线齿轮的齿形时,因采用了近似切削刃形状的刀具而造成了工件的齿形误差等。虽然存在原理误差,但却降低了加工成本、简化了机床结构、提高了生产率。因此,只要原理误差在允许范围之内,这些近似的加工工具、加工原理就可以采用。

2. 工艺系统的几何误差对加工精度的影响

(1)机床的几何误差对加工精度的影响。在加工过程中,刀具相对工件的各种成形运动是由机床来完成的,而刀具、工件和机床之间的位置关系也要靠机床来保证。因此,机床的几何误差对加工精度的影响是很大的。

机床的几何误差主要包括:机床的制造、安装、调整误差及磨损引起的误差。在机床的各个部件中,主轴、导轨、传动链是影响加工精度的主要部件。

①主轴旋转误差对加工精度的影响。主轴旋转误差包括主轴的径向圆跳动、轴向窜动、角度摆动,如图 7-1 所示。机床主轴上一般都安装有刀具或工件,其旋转误差一方面使表面成形运动不准确;另一方面使刀具与工件之间的正确位置遭到破坏。若该误差刚好处在加工误差的敏感方向,就会造成加工误差。

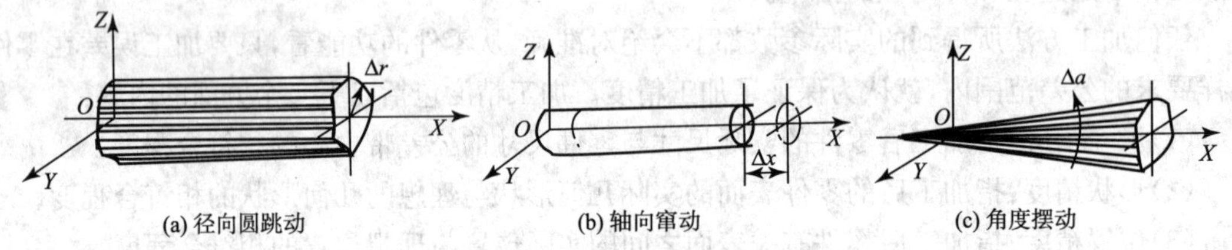

图 7-1　主轴旋转误差的分解

例如车床、镗床主轴的旋转运动是形成圆形所需的成形运动,若主轴有径向圆跳动,就会造成工件的圆度误差;车外圆时,主轴的角度摆动将会使车出来的外圆有锥度误差;车端面时,主轴的径向圆跳动对其精度没有影响,但轴向窜动则使工件端面时而接近刀具,时而远离刀具,造成实际背吃刀量时而增大、时而减小,最终造成工件端面不平;车螺纹时,由于螺纹牙形多为三角形或梯形,径向和轴向都是其敏感方向,因此主轴的径向圆跳动和轴向窜动都使得刀具相对于工件的位置发生变动,从而造成工件的螺距误差。

铣削、磨削平面时,若铣床、磨床主轴有径向跳动或轴向窜动,也会使铣刀(砂轮)中心的运动轨迹或刀具(砂轮)与工件之间的相对位置发生变化,造成工件的形状误差。

②导轨误差对加工精度的影响。机床导轨的作用是支承并引导运动部件,使之沿直线或圆周轨迹准确地运动。导轨的误差将使该运动轨迹出现误差,进而造成工件的形状误差。一般导轨误差的主要表现形式有:导轨在水平面内的直线度误差;导轨在垂直平面内的直线度误

差;两导轨之间的平行度误差。不过导轨的误差并不一定全部传给工件,只有处于加工误差敏感方向上的误差才会对工件精度造成较大影响。

图 7-2 所示为机床导轨的直线度误差对车床和外圆磨床的影响。因为刀具(砂轮)处于水平位置,水平方向是其敏感方向,因此导轨在水平面内的直线度误差将会使工件的素线不直(工件素线的形状与导轨形状相同),造成工件的圆柱度误差。

在刨床、铣床和平面磨床上加工平面时,刀具(砂轮)处于垂直平面内,加工误差的敏感方向是垂直方向。此时,导轨在垂直平面内的直线度误差将造成工件的平面度误差。

③传动链误差。当需要用展成法来获得工件表面形状时,就必须采用内传动链(刀具与工件之间的运动链)来保持两执行件之间的运动关系。若由于内传动链有误差而造成了该运动关系不准确,就会造成工件的加工误差。

例如车螺纹,两执行件分别是主轴和刀具,其运动关系为主轴转一转,刀具进给一个导程。若因传动链误差造成刀具进给快了或慢了,就会造成工件的螺距误差。传动链误差不仅与传动链上各传动元件的制造、安装误差有关,而且还和该传动元件与传动链末端件的传动比有关。若采用降速传动,传动链误差将会缩小;若采用升速传动,传动链误差将会扩大。降速传动时,传动元件离传动链的末端越近,其误差对加工精度影响越大。例如车螺纹,机床丝杠的误差对工件螺距误差影响最大。

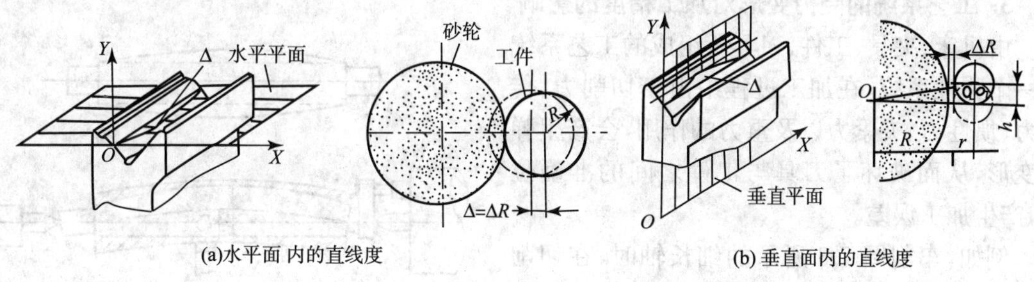

(a)水平面 内的直线度　　(b) 垂直面内的直线度

图 7-2　机床导轨的直线度误差

(2)刀具误差对加工精度的影响。刀具误差对加工精度的影响与"获得加工精度的方法"有关:

①用试切法加工。工件的尺寸精度取决于刀具相对于工件位置的调整,刀具的制造误差对工件加工精度没有直接影响。当工件被加工表面较大、较长时,刀具的磨损会引起工件的形状误差。例如车较长轴的外圆,由于车刀磨损将使实际背吃刀量逐步减小,从而造成工件的锥度误差。

②用定尺寸法加工。刀具的制造误差将直接引起工件的尺寸误差。此外,刀具的安装误差以及磨损也会造成工件的尺寸和形状误差。例如铰刀安装时若与工件预制孔不同轴,容易造成工件孔径扩大和喇叭口。

③用成形法加工。成形刀具切削刃的形状误差、磨损或刀具安装不正确,将直接造成工件的形状误差。

(3)夹具误差对加工精度的影响。加工过程中工件与机床、刀具的位置关系往往通过夹具来确定。因此,夹具误差主要影响工件与机床、刀具的位置关系的正确性,从而使工件的位置精度不合格。夹具误差由以下四个方面引起:

①夹具的定位元件、刀具导向与对刀元件、分度机构以及夹具体等主要元件的制造误差。

②夹具装配后，各主要元件之间、夹具定位元件工作面与夹具在机床上的安装面之间的尺寸误差或位置误差。

③夹具在机床上安装时的安装找正误差。

④夹具在使用过程中有关工作表面的磨损。

(4)调整误差对加工精度的影响。在机械加工中经常要对机床、夹具、刀具进行调整，以确保其位置关系正确。调整误差的来源视不同的加工方式而异。

①试切法加工中的调整误差。试切法加工引起调整误差的原因：测量误差；因进给机构在低速微量进刀时的"爬行"而造成刀具实际进给量不等于刻度盘上的数值；因刀具刃口钝圆的影响使微量切削时刀具打滑而造成试切与正式切削时背吃刀量不相等，从而造成工件尺寸误差。

②调整法加工的调整误差。生产中，常用行程挡块、凸轮、靠模等定程机构或预先编好的数控程序来控制刀具或工件的进给行程和工作位置；用专用的样板、样件来调整刀具与刀具、刀具与工件之间的相对位置。这些定程机构、样板、样件的制造精度和刚度、安装调整时的操作误差以及与其相配的离合器、控制阀、电器开关等元件的灵敏度；加工程序编制的正确、合理性以及数控机床的数控装置、伺服系统的控制精度；刀具初始位置的调整精度等，都会最终影响工件的加工精度。

3. 工艺系统的受力变形对加工精度的影响

由机床、夹具、工件、刀具所组成的工艺系统是一个弹性系统，在加工过程中由于切削力、传动力、惯性力、夹紧力以及重力的作用，会产生弹性变形，从而破坏了刀具与工件之间的准确位置，产生加工误差。

例如，车削图 7-3 所示的细长轴时，在切削力的作用下，工件因弹性变形而出现"让刀"现象。随着刀具的进给，在工件的全长上背吃刀量将会由多变少，再由少变多，结果使零件产生腰鼓形。

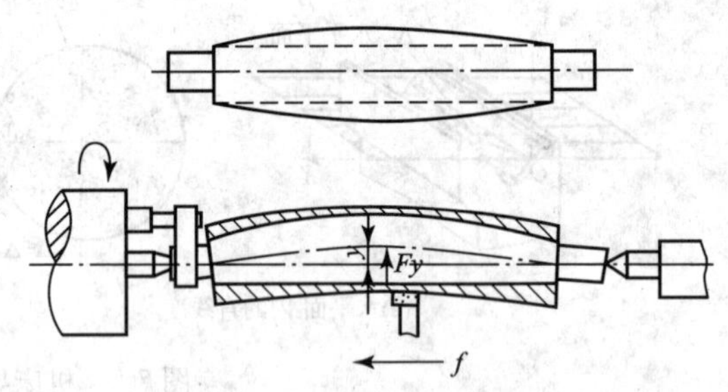

图 7-3 细长轴车削时受力变形

工艺系统受力变形对加工精度的影响主要有以下两个方面：

(1)切削过程中受力点位置变化引起的加工误差。切削过程中，工艺系统的刚度随切削力着力点位置的变化而变化，引起系统变形的差异，使工件产生加工误差。

在两顶尖间车削粗而短的光轴时，由于工件刚度较大，在切削力作用下的变形相对机床、夹具和刀具的变形要小得多，故可忽略不计。此时，工艺系统的总变形完全取决于机床床头、尾架(包括顶尖)和刀架(包括刀具)的变形，工件产生的误差为双曲线圆柱度误差。

在两顶尖间车削细长轴时，由于工件细长，刚度小，在切削力作用下，其变形大大超过机床、夹具和刀具的受力变形。因此，机床、夹具和刀具的受力变形可略去不计，此时，工艺系统的变形完全取决于工件的变形，工件产生腰鼓形圆柱度误差。

(2)切削过程中受力大小变化对加工精度的影响。当由毛坯误差造成实际背吃刀量变化时，会引起背向力 F_p 的变化，而 F_p 大小的变化又会造成让刀量的变化，从而使加工后的工件保留了与毛坯相似的误差。这种工件经机械加工后仍具有与毛坯相似的误差的现象，称为"误差复映"。

在图 7-4 所示的圆盘零件上镗孔，因毛坯有椭圆度误差，使得 a_{p1} 较大而 a_{p2} 较小，$\Delta a_p = a_{p1} - a_{p2}$ 引起一圈中相应的切削力变化 $\Delta F_p = F_{p1} - F_{p2}$，和让刀量的变化 $\Delta y = y_1 - y_2$，从而使加工后的工件仍然是一个椭圆形，只是椭圆度比毛坯误差小。

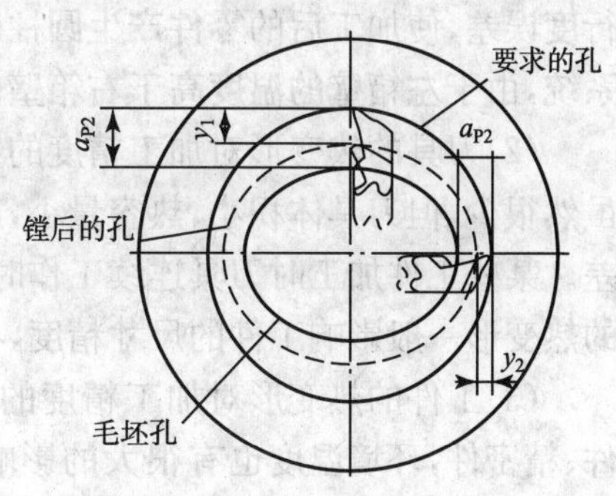

图 7-4　毛坯的误差复映

在生产中，常用"误差复映系数"来定量地反映毛坯误差经加工后减少的程度：

$$\varepsilon = \frac{\Delta_{gj}}{\Delta_{mp}} = \frac{\Delta_y}{\Delta a_p} = \frac{\Delta F}{k_{xt} \Delta a_p} \tag{7-1}$$

式中 Δ_{gj} 、Δ_{mp} 分别表示工件误差和毛坯误差；k_{xt} 为工艺系统的刚度。

由上式可知：系统的刚度越大，复映系数越小，毛坯误差对加工精度的影响越小；由于 ε 是一个小于 1 的正数，所以当一次进给不能满足精度要求时，可以用多次进给的办法来降低毛坯的误差复映。若每次进给的误差复映系数分别为 $\varepsilon_1, \varepsilon_2, \cdots, \varepsilon_n$，则总的误差复映系数为：

$$\varepsilon_n = \varepsilon_1 \varepsilon_2 \cdots \varepsilon_n < 1$$

减小工艺系统受力变形的措施主要有：①提高工件加工时的刚度；②提高工件安装时的夹紧刚度；③提高机床部件的刚度。

4. 工艺系统的热变形对加工精度的影响

机械加工过程中，工艺系统在各种热源的影响下，产生复杂的变形，破坏了工件与刀具相对位置和相对运动的准确性，从而引起了加工误差。在现代的高速度、高精度、自动化加工过程中，工艺系统热变形问题越来越突出，已成为制造技术的重要研究课题。

在加工过程中，工艺系统的热源主要有内部热源和外部热源两大类。内部热源来自切削过程，主要包括切削热、摩擦热和派生热源；外部热源主要来自于外部环境，主要包括环境温度和热辐射。这些热源产生的热造成了工件、刀具和机床的热变形。

(1)机床热变形对加工精度的影响。机床工作时，由于内、外部热源的影响，温度会逐渐升高。由于机床结构的复杂性，热源不同，机床温度场一般都不均匀，使原有的机床精度遭到破坏，引起相应的加工误差。当机床达到热平衡后，机床各部分的热变形停止在某种程度上，相互之间的位置和运动相对稳定。

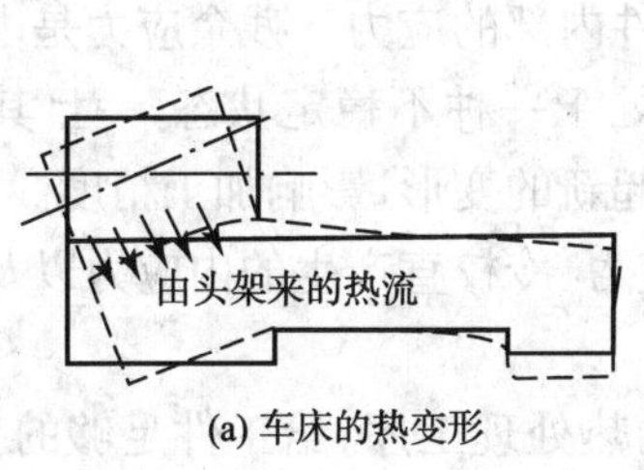

(a) 车床的热变形

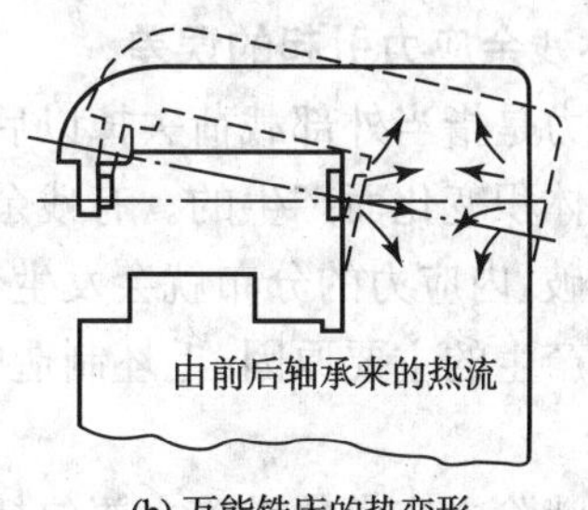

(b) 万能铣床的热变形

图 7-5　机床的变形趋势

车床、铣床、钻床和镗床的主要热源是主轴箱。图 7-5(a)所示为车床的热变形趋势，车床主轴箱的温升导致主轴轴线抬高；主轴前轴承的温升高于后轴承又使主轴倾斜；主轴箱的热量经油池传到床身，导致床身中凸，更促使主轴线向上倾斜，最终导致主轴回转轴线与导轨的平行度误差,使加工后的零件产生圆柱度误差。图 7-5(b)所示万能铣床的热源也主要是主传动系统,由于左箱壁的温度高于右箱壁的温度,同样也导致了主轴轴线升高并倾斜。

(2)刀具的热变形对加工精度的影响。刀具热变形的热源是切削热。传给刀具的切削热虽然很少,但刀具体积小,热容量小,所以仍会有很高的温升,引起刀具的热伸长而产生加工误差。某些工件加工时刀具连续工作时间较长,随着切削时间的增加,刀具逐渐受热伸长。刀具的热变形一般影响工件的尺寸精度,有时也会影响工件的几何形状精度。

(3)工件的热变形对加工精度的影响。工件热变形的热源主要是切削热,对于有些大型件、精密件,环境温度也有很大的影响。传入工件的热量愈多、工件的质量越小,则热变形越大。由于工件结构尺寸的差异,工件受热有两种情况:

①工件均匀受热。对于一些形状简单且对称的盘类、轴类和套类零件的内、外圆加工,切削热传递比较均匀,温度在工件的全长或圆周上都比较一致,热变形也比较均匀,可根据其温升 ΔT 来估算工件的热变形量。

直径上的热膨胀为:
$$\Delta D=\alpha D\Delta T \tag{7-2}$$
长度上的热伸长为:
$$\Delta L=\alpha L\Delta T \tag{7-3}$$
式中 α 为零件材料的热膨胀系数(1/℃);D、L 为工件在热变形方向上的尺寸(mm);ΔT 为工件温升(℃)。

当加工较短零件时,由于走刀行程短,可忽略轴向热变形引起的误差;当车削较长零件时,在沿零件轴向位置上切削时间有先后,开始切削时零件温升为零,随着切削的进行,零件受热膨胀,到走刀结束时,零件直径增量最大,因此车刀的切深随走刀而逐渐增大,零件冷却之后会出现圆柱度误差;加工丝杆时,零件受热后轴向伸长成为影响螺距误差的主要因素。

②工件不均匀受热。铣、刨、磨平面时,除在沿进给方向有温度差之外,更严重的是工件单面受切削热作用,上下表面间的温度差导致工件中凸,以致中间部分被多切,产生中凹的形状误差,一般上下表面间的温度差 1℃,就会产生平面度误差 0.01 mm。

减少工艺系统热变形的措施主要有:减少工艺系统的热源及其发热量;加强冷却,提高散热能力;均衡温度,控制温度变化;采用补偿措施,改善机床结构,优先考虑结构的对称性,一方面传动元件(轴承、齿轮等)在箱体内安装应尽量对称,使其传给箱壁的热量均衡,变形相近,另一方面有些零件(如箱体)应尽量采用热对称结构,以便受热均匀;注意合理选材,对精度要求高的零件尽量选用膨胀系数小的材料。

5. 工件残余应力引起的误差

残余应力是指当外部载荷去掉以后仍存留在工件内部的应力。残余应力是由于金属发生了不均匀的体积变化而产生的。有残余应力的工件处于一种不稳定状态,一旦其内应力的平衡条件被打破,内应力的分布就会发生变化,从而引起新的变形,影响加工精度。

内应力产生的主要原因:毛坯制造中产生的内应力、冷校直产生的内应力以及切削加工产生的内应力。

减小或消除内应力的措施主要包括:采用适当的热处理工序;给工件足够的变形时间;零件结构要合理、简单,壁厚要均匀。

6. 数控机床产生误差的独特性

数控机床与普通机床的主要差别:一是数控机床具有指挥系统——数控系统;二是数控机床具有执行运动的驱动系统—伺服系统。在数控机床上所产生的加工误差与在普通机床上产生的加工误差,其来源有许多共同之处,但也有独特之处。例如,伺服进给系统的跟踪误差、检测系统中的采样延滞误差等，这些都是普通机床加工时所没有的。所以，在数控加工中，除了要控制在普通机床上加工时常出现的那些误差源以外，还要有效地抑制数控加工时才可能出现的误差源。这些误差源对加工精度的影响主要有以下几个方面：

(1)机床重复定位精度的影响。数控机床的定位精度是指数控机床各坐标轴在数控系统的控制下运动的位置精度。引起定位误差的因素包括数控系统的误差和机械传动的误差。机床重复定位精度是指重复定位时坐标轴的实际位置和理想位置的符合程度。

(2)检测反馈装置的影响。检测反馈装置也称为反馈元件，通常安装在机床工作台或丝杠上，相当于普通机床的刻度盘和人的眼睛。检测反馈装置将工作台位移量转换成电信号，反馈给数控装置，如果与指令值比较有误差，则控制工作台向消除误差的方向移动。数控系统按有无检测反馈装置可分为开环、闭环与半闭环系统。开环系统精度取决于步进电动机和丝杠精度；闭环系统精度取决于检测反馈装置的精度。检测反馈装置是高性能数控机床的重要组成部分。

(3)刀具误差的影响。在加工中心上，由于采用的刀具具有自动交换功能，因而在提高生产率的同时，也带来了刀具交换误差。用同一把刀具加工一批工件时，由于频繁重复换刀，致使刀柄相对于主轴锥孔产生重复定位误差而降低加工精度。

抑制数控机床产生误差的途径有硬件补偿和软件补偿两种。过去一般多采用硬件补偿的方法，例如加工中心采用的螺距误差补偿功能。随着微电子、控制、监测技术的发展，出现了新的软件补偿技术。它的特征是应用数控系统通信的补偿控制单元和相应的软件，实现误差的补偿，其原理是利用坐标的附加移动来修正误差。

7.1.4 提高工件加工精度的途径

保证和提高加工精度的方法，可概括为以下几种：减小原始误差法、补偿原始误差法、转移原始误差法、均分原始误差法、均化原始误差法。

1. 减小原始误差法

这是生产中应用较广的一种基本方法。它是在查明产生加工误差的主要因素之后，设法消除或减少这些因素。例如细长轴的车削，现在采用了大走刀反向车削法，基本消除了轴向切削力引起的弯曲变形。若辅之以弹簧顶尖，则可进一步消除热变形引起的热伸长的影响。

2. 补偿原始误差法

这是人为制造出一种新的误差，去抵消原来工艺系统中的原始误差。当原始误差是负值时，人为的误差就取正值，反之取负值，并尽量使两者大小相等；或者利用一种原始误差去抵消另一种原始误差，尽量使两者大小相等，方向相反，从而达到减小加工误差、提高加工精度的目的。

3. 转移原始误差法

这种方法实质上是转移工艺系统的几何误差、受力变形和热变形等。转移原始误差法的实例很多。当机床精度达不到零件加工要求时，常常不只是提高机床精度，而是从工艺上或夹具上想办法，创造条件，使机床的几何误差转移到不影响加工精度的方面去。如磨削主轴锥孔时保证其和轴颈的同轴度，不是靠机床主轴的回转精度，而是靠夹具。当机床主轴与工件之间用浮动连接以后，机床主轴的原始误差就被转移掉了。

4. 均分原始误差法

在加工中，由于毛坯或上道工序误差(以下统称“原始误差”)的存在，往往造成本工序的加工误差；由于工件材料性能改变，或者上道工序的工艺改变(如毛坯精化后，把原来的切削加工工序取消)，都会引起原始误差发生较大的变化。这种原始误差的变化，对本工序的影响主要有两种情况：一是误差复映；二是定位误差扩大，引起本工序误差。解决这个问题，最好是采用分组调整均分误差的办法。这种办法的实质就是把原始误差按其大小均分为N组，每组毛坯误差范围就缩小为原来的$1/N$，然后按组分别调整加工。

5. 均化原始误差法

对配合精度要求很高的轴和孔，常采用研磨工艺。研具本身并不要求具有高精度，但它能在和工件作相对运动过程中对工件进行微量切削，工件高点逐渐被磨掉(当然，模具也会被工件磨去一部分)，最终使工件达到很高的精度。这种表面间的摩擦和磨损过程，就是误差不断减小的过程，称为均化原始误差法。其实质就是利用有密切联系的表面相互比较、相互检查，找出差异，然后进行相互修正或互为基准进行加工，使工件被加工表面的误差不断缩小和均化。在生产中，许多精密基准件(例如平板、直尺、角度规、端齿分度盘等)都是利用均化原始误差法加工出来的。

7.2 机械加工的表面质量

机械加工表面质量，是指零件经机械加工后表面层的微观几何形状误差和物理、化学及力学性能。产品的工作性能、可靠性以及使用寿命在很大程度上取决于主要零件的表面质量。

机器零件的损坏，在多数情况下是从表面开始的，因为表面是零件材料的边界，常常承受工作负荷所引起的最大应力和外围介质的侵蚀；另外，表面上有引起应力集中而导致破坏的根源。在现代机器中，许多零件是在高速、高压、高温、高负荷下工作的，对零件的表面质量提出了更高的要求。

7.2.1 机械加工表面质量的概念

任何机械加工所得到的零件表面，都不是完全理想的光滑表面，而总是存在一定的微观几何形状偏差。同时，表面层材料的物理力学性能也会发生一定的变化，表面还会产生一定的氧化物和嵌入的其他异物。

表面质量是指机器零件加工后表面层的状态，主要包括表面层的几何形状和表面层的物理力学性能。

(1)表面层的几何形状所包含的内容。

①表面粗糙度：是指表面微观几何形状误差，如图7-6所示。其波长L_3与波高H_3的比值在小于40的范围内，主要由刀具的形状及切削过程中塑性变形和振动等因素决定。

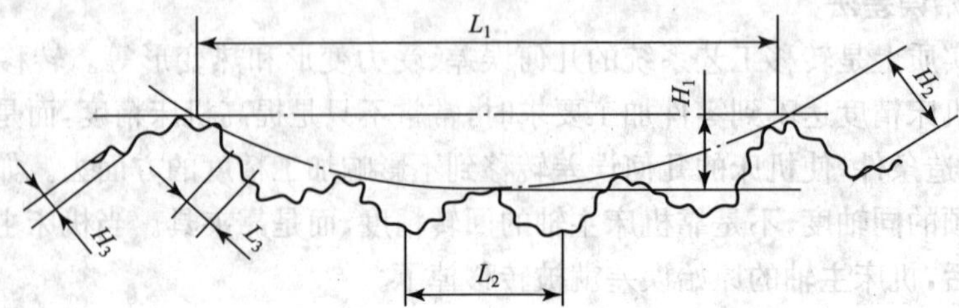

图7-6 表面的几何特性

②表面波度：是指介于宏观几何形状误差($L_1/H_1<1\ 000$)与微观表面粗糙度($L_3/H_3>40$)之间的周期性几何形状误差。例如图 7-6 所示的例子，其波长 L_2 与波高 H_2 的比值一般介于 40～1 000 之间。它主要是由机械加工过程中工艺系统低频振动引起的。

③表面纹理方向：是指表面刀纹的方向，取决于该表面所采用的机械加工方法及其主运动和进给运动的关系。一般对运动副或密封件有纹理方向的要求。

④伤痕：是指在加工表面的一些个别位置上出现的缺陷。伤痕大多是随机分布的，例如砂眼、气孔、裂痕和划痕等。

(2)表面层的物理、化学和力学性能。由于机械加工中切削力和切削热的综合作用，加工表面层金属的物理、力学和化学性能发生一定程度的变化，主要表现在以下三个方面：

①表面层加工硬化(冷作硬化)：是指零件在机械加工中表面层金属产生强烈的冷态塑性变形后，引起强度和硬度都有所提高的现象。

②表面层金相组织的变化：是指由于切削热引起工件表面温升过高，表面层金属发生金相组织变化的现象。

③表面层残余应力：是指由于加工过程中切削变形和切削热的影响，工件表面层产生的残余应力。

7.2.2 表面质量对零件使用性能的影响

1. 表面质量对零件耐磨性的影响

在摩擦副的材料、热处理情况和润滑条件已经确定的情况下，零件的表面质量对耐磨性能起决定性的作用。两个表面粗糙度值很大的零件相互接触，最初接触的只是一些凸峰顶部，实际接触面积比名义接触面积小得多(例如车或铣加工后的表面实际接触面积仅为名义接触面积 15%～20 %；精磨后可达到 30%～50 %；只有研磨后才能达到 90%～ 97 %)，这样单位接触面积上的压力就很大，当压力超过材料的屈服极限时，凸峰部分就会产生塑性变形；当两个零件作相对运动时，就会产生剪切、凸峰断裂或塑性滑移，初期磨损速度很快。

图 7-7 所示为实验所得的不同表面粗糙度对初期磨损量的影响曲线。由图可见，曲线存在着某个最佳点，这个点所对应的是零件最耐磨的粗糙度，具有这样粗糙度的零件的初期磨损量最小。如果载荷加重或润滑条件恶化，磨损曲线将向上向右移动，最佳粗糙度值也随之右移。当表面粗糙度大于最佳值时，减小表面粗糙度值可减少初期磨损量，例如使用精磨的轴颈比粗磨的轴颈的初期磨损量少 1/6。但当表面粗糙度小于最佳值时，零件实际接触面积增大，接触表面之间的润滑油被挤出，金属表面直接接触，因金属分子间的亲和力而发生黏结(称为冷焊)，随着相对运动的进行，黏结处在剪切力的作用下发生撕裂破坏。有时还由于摩擦产生的高温，使摩擦面局部熔化(称为热焊)等原因，使接触表面遭到破坏，初期磨损量反而急剧增加。因此一对摩擦副在一定的工作条件下通常有一个最佳粗糙度值，在确定机器零件的技术条件时应该根据零件的工作情况及有关经验，规定合理的粗糙度。

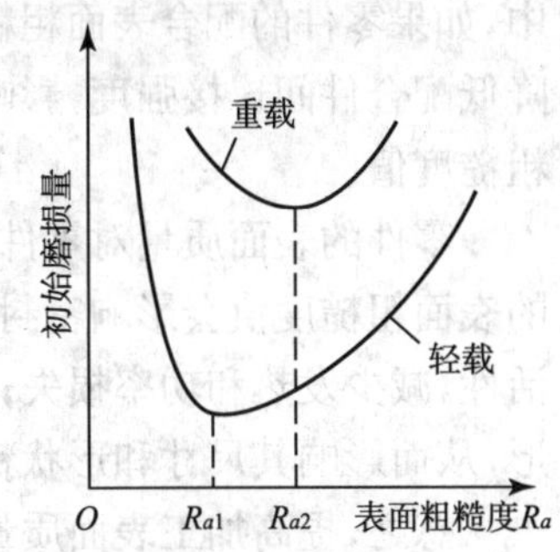

图 7-7 表面粗糙度与初期磨损量的关系

另外，表面层的冷作硬化可显著地减少零件的磨损。其原因是表面层的冷作硬化提高了表面接触点处的屈服强度，减少了进一步塑性变形的可能性，减少了摩擦表面金属的冷焊现象;但如果表面硬化过度,零件心部和表面层硬度差过大,会发生表面层剥落现象,使磨损加剧。表面层产生金相组织变化时,由于改变了基体材料原来的硬度,因而也直接影响其耐磨性。

2. 表面质量对零件疲劳强度的影响

在周期性的交变载荷作用下,零件表面微观不平与表面的缺陷一样都会产生应力集中现象,而且表面粗糙度值越大,即凹陷越深、越尖,应力集中越严重,越容易形成和扩展疲劳裂纹从而造成零件的疲劳损坏。实践证明,表面粗糙度 Ra 的值由 0.4 μm 降低到 0.04 μm 时,承受交变载荷的零件的疲劳强度可提高 30%～40%。

钢件对应力集中敏感,且强度越高,表面粗糙度对疲劳强度的影响越大,故高强度钢在承受交变载荷时,应要求零件具有更为光洁的表面。含有石墨的铸铁件对应力集中不敏感,表面粗糙度对疲劳强度的影响不明显。

此外,加工纹路方向对疲劳强度的影响也很大,如果刀痕与受力方向垂直,则疲劳强度将显著降低;零件表面的适当冷作硬化能够阻碍裂纹的扩展和新裂纹的出现;表面层的内应力对疲劳强度的影响也很大,通常表面层残余的压应力能延缓疲劳裂纹扩展,而残余拉应力则容易使已加工表面产生裂纹而降低疲劳强度。

3. 表面质量对零件耐腐蚀性的影响

零件的表面粗糙度在一定程度上影响零件的耐腐蚀性。零件表面越粗糙,越容易积聚腐蚀性物质,凹谷越深,渗透与腐蚀作用越强烈。因此,减小零件表面粗糙度值,可以提高零件的耐腐蚀性能。

零件表面残余压应力使零件表面紧密,腐蚀性物质不易进入,可增强零件的耐腐蚀性,而表面残余拉应力则降低零件的耐腐蚀性。

4. 表面质量对零件配合性质及其他性能的影响

零件间的配合关系是用过盈量或间隙值来表示的。在间隙配合中,如果零件配合表面比较粗糙,则会使配合件很快磨损而增大配合间隙,改变配合性质,降低配合精度;在过盈配合中,如果零件的配合表面粗糙,则装配后配合表面的凸峰被挤平,配合件间的有效过盈量减小,降低配合件间连接强度,影响配合的可靠性。因此对有配合要求的表面,必须限定较小的表面粗糙度值。

零件的表面质量对零件的使用性能还有其他方面的影响。例如,对于液压缸和滑阀,较大的表面粗糙度值会影响密封性;对于工作时滑动的零件,恰当的表面粗糙度值能提高运动的灵活性,减少发热和功率损失;零件表面层的残余应力会使加工好的零件因应力重新分布而变形,从而影响其尺寸和形状精度等。

总之,提高加工表面质量,对保证零件的使用性能、提高零件的使用寿命是很重要的。

7.2.3 影响表面质量的因素

1. 影响表面粗糙度的因素

表面粗糙度是构成加工表面几何特征的基本单元。用金属切削刀具加工工件表面时,表面粗糙度主要受几何因素、物理因素和工艺因素三个方面的作用和影响。

(1)几何因素。从几何的角度考虑,刀具的形状和几何角度,特别是刀尖圆弧半径、主偏角、副偏角以及切削用量中的进给量等对表面粗糙度有较大的影响。减小主、副偏角,增大刀尖圆弧半径,减小进给量,都能降低零件的表面粗糙度。其中进给量对表面粗糙度影响较大,进给量较小时有利于粗糙度的降低，但生产率也会成比例地降低，还会因薄层切削激起振动，使表面粗糙度急剧增加，恶化零件的表面质量。

减小主、副偏角均有利于表面粗糙度的降低。但在精加工时，背吃刀量较小，且刀尖都带有一定的圆角，此时主、副偏角不参与残留面积的构成，对粗糙度的影响较小。刀尖圆角半径的增加，会引起吃刀抗力 F_y 增加，也易造成工艺系统的振动。

(2)物理因素。从切削过程的物理实质考虑，刀具的刃口圆角及后面的挤压与摩擦使金属材料发生塑性变形，严重恶化了表面粗糙度。加工塑性材料而形成带状切屑时，在前刀面上容易形成硬度很高的积屑瘤，它可以代替前刀面和切削刃进行切削，使刀具的几何角度、背吃刀量发生变化。但积屑瘤的轮廓很不规则，因而使工件表面上出现深浅和宽窄都不断变化的刀痕。有些积屑瘤嵌入工件表面，更增加了表面粗糙度。

切削加工时的振动，也会使工件表面粗糙度值增大。

(3)工艺因素。从工艺的角度考虑，工艺因素对工件表面粗糙度的影响，主要有与切削刀具有关的因素、与工件材质有关的因素和与加工条件有关的因素等。

2. 机械加工表面物理力学性能

影响机械加工表面物理力学性能的因素有三项：表面层残余应力、冷作硬化、金相组织变化。切削过程中金属材料的表层组织发生形状变化和组织变化时，在表层金属与基体材料交界处将会产生相互平衡的弹性应力，该应力就是表面残余应力。零件表面若存在残余压应力，可提高工件的疲劳强度和耐磨性；若存在残余拉应力，就会使疲劳强度和耐磨性下降。如果残余应力值超过了材料的疲劳强度极限时，会使工件表面层产生裂纹，加速工件的破损。

(1)冷塑变形。在切削过程中，表面层材料受切削力的作用引起塑性变形，使工件材料的晶格被拉长和扭曲。由于原来晶格中的原子排列是紧密的，扭曲之后，金属的密度下降，比体积增加，造成表面层金属体积发生变化，于是基体金属受其影响而处于弹性变形状态。切削力去掉后，基体金属趋向复原，但受到已产生塑性变形的表层金属的牵制，因此表面层产生了残余应力。通常表面层金属受刀具后面的挤压和摩擦影响较大，其作用使表面层产生冷态塑性变形，表面体积变大，但受基部金属的牵制而产生残余压应力，而基部金属为残余拉应力，表里有部分应力相平衡。

(2)热塑性变形。工件加工表面在切削热作用下产生热膨胀，此时基体金属温度较低，因此表层金属的热膨胀受到基体的限制而产生热压缩应力。当表面层金属的应力超过材料的弹性变形范围时，就会产生热塑性变形。切削过程结束时，温度下降至与基体温度一致的过程中，表层金属的冷却收缩造成了表面层的残余拉应力，里层则产生与其相平衡的压应力。工件材料的导热性愈差，因热变形产生的残余应力也愈严重。如硬质合金因导热性差，在切削中若遇急冷，容易产生裂纹。

(3)金相组织变化。切削加工时，切削区的高温将引起工件表层金属的相变。磨削淬火钢时，若温度超过相变温度时，则工件表层淬火马氏体就会变成回火索氏体或回火屈氏体组织，比体积下降，体积缩小，但受到下层金属的阻碍，在表面层产生拉应力，下层金属产生压应力。当磨削温度超过 A_{c3} 线以上时，由于受到切削液的急冷作用，可能在表层产生二次淬火马氏体组织，其比容较里层回火组织大，因而表层产生压应力，回火组织层产生拉应力。

实际加工中表面层产生的应力是上述三种因素综合的结果。

(4)冷作硬化。机械加工过程中产生的塑性变形，使金属的晶格扭曲、畸变、晶格间产生滑移，晶格被拉长，使表面层金属的硬度和强度增加，塑性降低，物理性质(例如密度、导电性、导热性等)也有所变化，这种现象称为冷作硬化，又称为加工硬化。

冷作硬化的程度取决于产生塑性变形的力、变形速度和切削温度。切削力越大，塑性变形越大，硬化程度和硬化深度也越大；塑性变形速度快，变形不充分，硬化程度就减弱；同时由于切削热的作用，提高了表面层的温度，使已强化的金属产生回复现象。切削温度高，持续时间长，其回复作用大，使硬化作用减小。因此，机械加工时表面层的硬化，实际上就是强化与回复综合作用的结果。

7.2.4 切削时工艺系统的振动及其消除途径

金属切削过程中，工件和刀具之间常常发生强烈的振动，即在刀刃和被加工表面之间，除了名义上的切削运动之外，还会出现一种周期性的相对运动。这些振动一般会对产品质量和生产效率产生不利的影响。

1. 振动对表面质量的影响

各种切削和磨削过程都可能发生振动，当速度高、切削金属量大时常会产生较强烈的振动。切削过程中的振动，会影响加工质量和生产率，主要表现在以下几个方面。

(1)影响零件的表面质量。振动破坏了工艺系统的各种成形运动，使工件与刀具之间的相对位置发生周期性的改变。切削振动发生时，工件表面质量严重恶化，粗糙度增大，产生明显的表面振痕。在精密加工中，振动往往是提高加工精度和表面质量的主要障碍。

(2)影响生产率。加工中产生振动，限制了切削用量的进一步提高，严重时甚至使切削不能继续进行。

(3)影响机床、夹具和刀具寿命。振动使机床、夹具等的零件连接部分松动，间隙增大，刚度和精度降低，使用寿命缩短；同时，切削过程中的振动使刀具受到附加动载荷，加速刀具磨损，有时甚至崩刃，特别是韧性差的刀具材料，如硬质合金，陶瓷等，要注意消振问题。

(4)振动噪声污染工作环境。由于高频振动会发出刺耳的尖叫声，造成噪声污染，危害操作者的身心健康。

振动对机械加工有不利的一面，但又可以利用振动来更好地切削，如振动磨削、振动研抛、超声波加工等都是利用振动来提高表面质量或生产率的。因此，弄清机械加工过程中产生振动的原因，掌握它的发生、发展的规律，使机械加工过程既能保持高的生产率，又能保证零件表面的加工质量，是机械加工中应予研究的一个重要内容。

机械加工过程中产生的振动，也和其他的机械振动一样，按其产生的原因可分为自由振动、强迫振动和自激振动三大类。其中自由振动往往是由于切削力的突然变化或其他外界力的冲击等原因引起，一般可迅速衰减，对加工过程影响较小，这里不予讨论。

振动的类型不同，其产生原因也不同，因而控制措施也不完全一样。

2. 机械加工中的强迫振动

强迫振动是工艺系统在一个稳定的外界周期性干扰力(激振力)作用下引起的振动。

(1)激振力的来源。周期性干扰力的来源有以下几方面：

①机床转动部件的不平衡引起的振动。转动件的不平衡造成离心力，该力的方向随回转件的旋转不断改变，作用在工艺系统上就是周期性的干扰力。各个电动机的振动，包括电动机转子旋转不平衡引起的振动；机床回转零件的不平衡，例如砂轮、皮带轮或旋转轴的不平衡引

起的振动。

②运动传递过程中引起的振动。例如齿轮啮合时的冲击；皮带轮圆度误差及皮带厚薄不均引起的张力变化；滚动轴承的套圈和滚子尺寸及形状误差，使运动在传递过程中产生了振动；往复部件的冲击；液压传动系统的压力脉动等。

③断续切削引起的冲击振动。被加工表面不连续(例如花键轴)时的切削加工；铣削、刨削等加工时刀齿的切入、切出；砂轮硬度不均、磨损不均等，都会造成切削力周期性变化而导致振动。

④外部振源引起的振动。从地基传来的外部振源主要是机床附近有其他机床、锻压设备工作，或有通道运输设备例如火车、卡车等通过，这些设备引起的振动都会通过地基传入本机床。

(2)强迫振动的特点。

①强迫振动是一种不衰减的振动，只要干扰力存在，振动就不会衰减，但振动本身不会引起干扰力的变化。

②振动频率与干扰力的频率相等，与系统固有频率无关，一般为十几到一百赫兹的低频振动。

③振幅大小与干扰力的大小、系统刚度、阻尼大小及振动频率与系统固有频率的比值有关。干扰力越大，振幅也越大；系统刚度越大，振幅越小；系统阻尼越大，振幅越小。当振动频率接近系统固有频率时会产生"共振"现象，振幅最大；振动频率远小于固有频率时，振幅接近静位移，即相当于系统只受到静止力的作用；振动频率远大于固有频率时，振幅趋近于零，即系统因惯性影响而跟不上干扰力的变化，反而停在平衡位置不振了。

④振动的位移总是滞后于干扰力。

3. 机械加工中的自激振动

(1)自激振动的产生机理。机械加工过程中，由振动过程本身引起某种切削力的周期性变化，又由这个周期性变化的切削力反过来加强和维持振动，使振动系统补充了由阻尼作用消耗的能量，这种类型的振动被称为自激振动。切削过程中产生的自激振动是频率较高的强烈振动，通常又称为颤振，常常是影响加工表面质量和限制机床生产率提高的主要障碍。磨削过程中，砂轮磨钝以后产生的振动也往往是自激振动。

金属切削过程中自激振动的原理如图 7-8 所示。它具有两个基本部分：在切削过程中，由于某种突然因素激起了振动，引起刀具相对工件作切入、切出运动，刀具切入、切出时产生了交变力(ΔP)；在这交变力作用下，工艺系统产生振动位移(ΔY)，再反馈给切削过程，维持振动的能量来源于机床的能源。

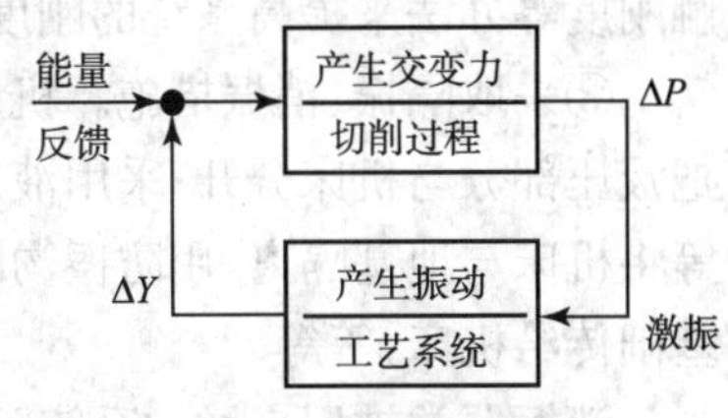

图 7-8　自激振动原理

关于切削过程产生自激振动的原因，至今尚无一种能阐明各种情况下的切削自激振动的理论。解释自激振动的学说主要有负阻尼(负摩擦)激振原理、再生自振原理和振动耦合自振原理。

(2)自激振动的特点。

①自激振动是一种不衰减的振动。振动本身能够从切削过程中获得能量补充。外界偶然的激振力只是起到最初的触发作用，但它不是产生自激振动的根本原因。

②在机械加工中，自激振动不是由任何周期性的振源所激发的，但其频率等于或接近系统

固有频率,一般为高频颤振,容易产生刺耳的噪声。

③自激振动能否产生及自激振动的振幅大小,取决于每一振动周期内系统获得的能量与消耗的能量的对比情况,若前者大于后者,则振幅增大;若前者小于后者,则振幅减小;若两者相等,则振幅维持在某一确定值。

④自激振动只与切削(磨削)过程有关。自激振动当切削宽度达到一定数值时会突然发生,振幅急剧上升;而当刀具(砂轮)一旦离开工件,振动和伴随着振动出现的交变切削力便立即消失。

4. 减少工艺系统振动的途径

当加工过程中出现振动影响到加工质量时,要根据振动产生的原因、运动规律和特性来寻求控制的途径。首先要判断振动的类型:振动频率与干扰作用频率相同,并随干扰作用的频率改变而改变,随干扰作用的去除而消失的为强迫振动;振动频率与系统的固有频率相等或相近,机床转速改变时振动频率不变或稍变,随切削过程停止而消失的是自激振动。

(1)减少强迫振动的途径。对于强迫振动需要对振动系统进行测振试验,或根据振纹的数量进行频谱分析,找出振源,然后采取适当的措施加以控制。

①减少或消除振源的激振力。对于转速大于 600 r/min 的零件,特别是高速旋转的零件,可采取减小回转元件不平衡的方法来减小激振力。例如砂轮,因砂粒的分布不均和工作时表面磨损不均等原因,很容易造成主轴的振动,所以对于更换的新砂轮必须进行修整前和修整后的两次平衡。

另外,可提高机床传动的制造精度来减少因传动而引起的振动。提高齿轮制造精度和装配精度,特别是提高其工作平稳性精度有利于提高齿轮的啮合精度,从而减少因周期性的冲击而引起的振动,并可降低噪声;采用夹布胶木等对振动不敏感的材料作为齿轮材料,也可起到减振的作用;提高滚动轴承的制造精度和装配精度,可以减少因滚动轴承的缺陷而引起的振动;选用长短一致、厚薄均匀、没有接扣或接扣良好的带以及给带以适当张紧力等均能有效地抑制因带的缺陷而引起的振动。

②避免激振力的频率与系统的固有频率接近,以防止共振。可采取改变电动机的转速或改变主轴的转速来避开共振区;用提高接触面的精度、降低结合面的粗糙度、消除间隙、提高接触刚度等办法来提高系统的刚度和固有频率。

③采取隔振、消振措施。机床的电机与床身之间可采用柔性连接以隔离电机本身的振动;把液压部分与机床分开;采用液压缓冲装置以减少工作部件换向时的冲击;采用厚橡皮、木材等将机床与地基隔离,用防振沟隔开设备的基础和地面的联系,以防止周围的振源通过地面和基础传给机床,等等。

消振器常被用来增加系统阻尼,通过阻尼的作用消耗振动的能量而达到减振之目的。常用的有液压式消振器、摩擦式消振器等。

(2)减少自激振动的途径。对于自激振动,经过许多试验研究和生产实践有了一些相当有效的抑制措施,例如合理选择切削用量;合理选择刀具的几何角度、结构和方位;提高机床、工件、刀具自身的抗振性及采用减振装置等。

一般提高工艺系统的刚度和安装减振装置对提高工艺系统的抗振性有显著效果。

思考与复习题

1. 获得加工精度的方法有哪些?

2. 机床几何误差有哪几项? 各项误差对加工精度有哪些影响?

3. 什么是加工误差的敏感方向? 说明磨外圆、铣平面、车螺纹时的误差敏感方向。

4. 说明工艺系统受力变形及受热变形对加工精度有何影响。

5. 在车床上用三爪自定心卡盘夹持 ϕ200 mm,长 20 mm 圆盘工件的外圆,车端面后发现该端面不平,呈中凸面,请分析其产生的原因。

6. 在导轨磨床上磨削某车床床身导轨面,导轨出现呈中间凹下的直线度误差,请分析其原因。

7. 表面质量包括哪几方面的含义? 对产品使用性能有哪些影响?

8. 控制表面质量有哪些措施?

9. 为什么在机械加工时,工件表面层会产生残余应力?

10. 什么是强迫振动? 如何消除或减小强迫振动?

11. 什么是自激振动? 如何消除或减小自激振动?

参 考 文 献

[1] 袁绩乾,李文贵．机械制造技术基础．北京:机械工业出版社，2001.

[2] 王先逵．机械制造工艺学．北京:机械工业出版社，1998．

[3] 朱涣池．机械制造工艺学．北京:机械工业出版社，1997．

[4] 机电一体化技术手册编委会．机电一体化技术手册．北京:机械工业出版社，1996．

[5] 陈立德．机械制造技术．上海:上海交通大学出版社，2000．

[6] 李华．机械制造技术．北京:机械工业出版社，1995．

[7] 徐耀信．机械加工工艺及现代制造技术．四川:西南交通大学出版社，2005．

[8] 郭晋荣．机械制造技术基础．四川:西南交通大学出版社，2007．

[9] 李华志．数控加工工艺及装备．北京:清华大学出版社，2005．

[10] 苏建修,杜家熙．数控加工工艺．北京:机械工业出版社，2009．

[11] 胡建新．数控加工工艺与刀具夹具．北京:机械工业出版社，2009.

[12] 徐嘉元,曾家驹．机械制造工艺学．北京:机械工业出版社，2000.

[13] 张明建,杨世成．数控加工工艺规划．北京:清华大学出版社，2009.

[14] 郑焕文．机械制造工艺学．北京:高等教育出版社,1991．

[15] 徐虹海．数控加工工艺．北京:化学工业出版社，2008．

[16] 郑晓峰,陈少艾．数控机床及使用和维修．北京:机械工业出版社，2008.

[17] 唐应谦．数控加工工艺学．北京:中国劳动社会保障出版社，2005.

[18] 华茂发．数控机床加工工艺．北京:机械工业出版社，2006.